わくわく ポイント確認 カード

教科書ワーク

アプリでバッチリ！
ポイント確認！

サクラ

春のようす

夏のようす

秋のようす

冬のようす

❶

ヘチマ

JN131549

春のようす

夏のようす

秋のようす

冬のようす

❷

ツルレイシ

春のようす

夏のようす

秋のようす

冬のようす

❸

ヒョウタン

春のようす

夏のようす

秋のようす

冬のようす

❹

夏の大三角

⑦の星の
名前は？

④の星の
名前は？

⑦の星の
名前は？

❺

星ざの観察

星ざの
名前は？

⑦の星の
名前は？

❻

月の形

⑦の月の
名前は？

④の月の
名前は？

❼

月の位置

⑦　　南　　西

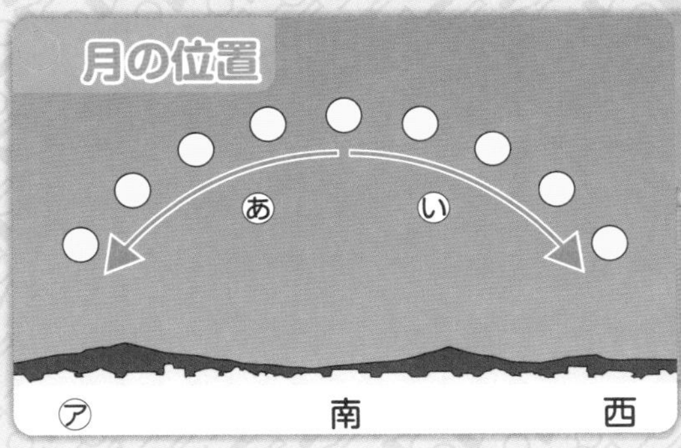

位置の変わ
り方はあ、
いどちら？

⑦の
方位は？

❽

気温の変化

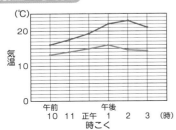

晴れの日の
グラフは？

くもりの日の
グラフは？

❾

かん電池のつなぎ方

直列つなぎ

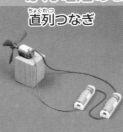

へい列つなぎ

モーターが
速く回る
のは？

電流が大き
いのは？

❿

アプリでバッチリ！ポイント確認！

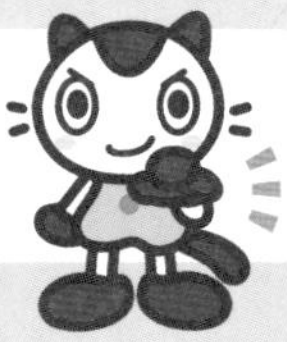

おもての QR コードから アクセスしてください。

※本サービスは無料ですが、別途各通信会社の通信料がかかります。
※お客様のネット環境および端末によりご利用できない場合がございます。
※ QR コードは㈱デンソーウェーブの登録商標です。

使い方

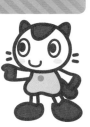

- きりとり線にそって切りはなしましょう。
- 写真や図を見て、質問に答えてみましょう。
- 使い終わったら、あなにひもなどを通して、まとめておきましょう。

ヘチマ

[春] 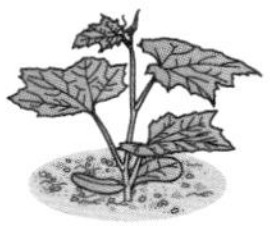 たねをまき成長したら植えかえる。

[夏] 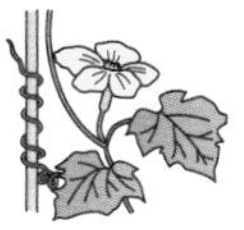 成長して花がさく。実ができる。

[秋] 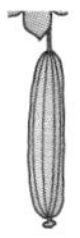 実が大きくなり、かれ始める。

[冬] 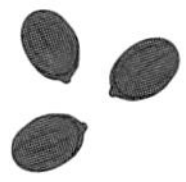 たねを残し（のこ）てすべてかれる。

❷

サクラ

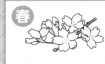

[春] 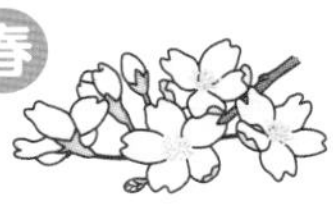 花がさき、葉が出始める。

[夏] 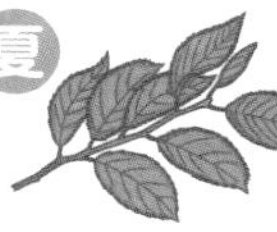 緑色の葉がたくさん出ている。

[秋] 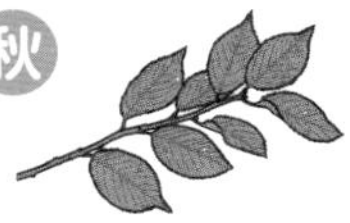 葉の色が変わる。

[冬] 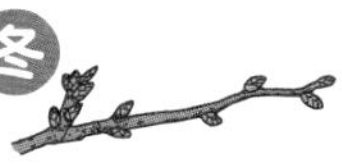 葉が落ち、えだに芽（め）をつける。

ヒョウタン

[春] 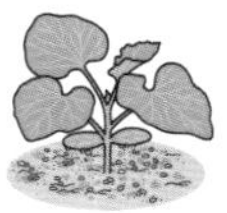 たねをまき成長したら植えかえる。

[夏] 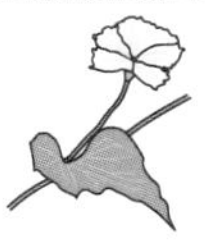 成長して花がさく。実ができる。

[秋] 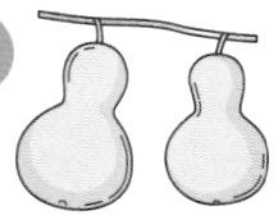 実が大きくなり、かれ始める。

[冬] 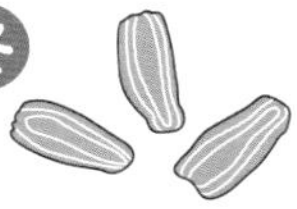 たねを残してすべてかれる。

❹

ツルレイシ

[春] 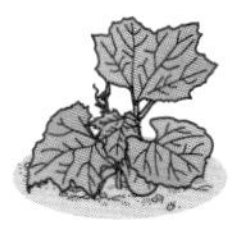 たねをまき成長したら植えかえる。

[夏] 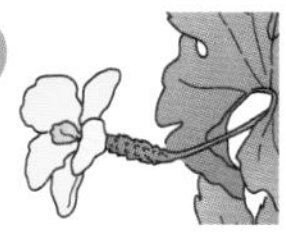 成長して花がさく。実ができる

[秋] 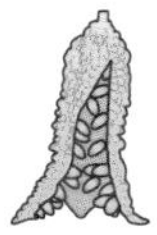 たねが落ち、くきや葉がかれ始める。

[冬] 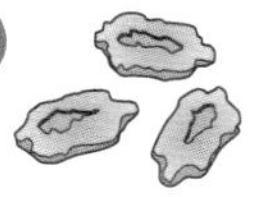 たねを残してすべてかれる。

星ざの観察

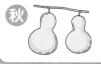

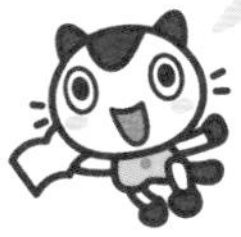

時間がたつと、星の見える位置（いち）は変（か）わるけれど、星のならび方は変わらないよ。

星ざの名前
オリオンざ

星の名前
ベテルギウス

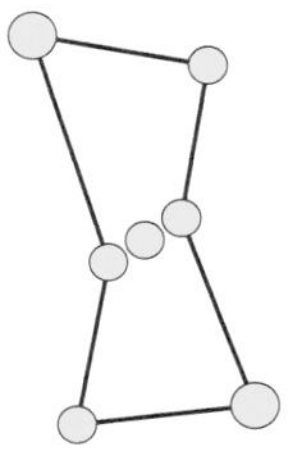

❻

夏の大三角

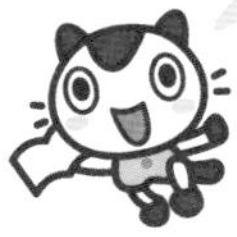

3つの星を結（むす）んだ三角形を夏の大三角というよ。

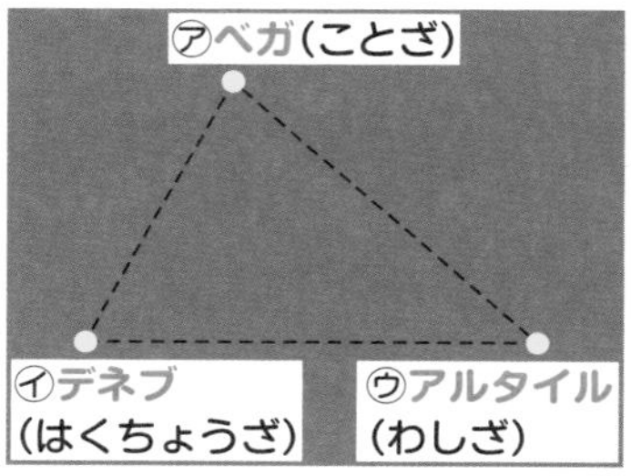
㋐ベガ（ことざ）
㋑デネブ
（はくちょうざ）
㋒アルタイル
（わしざ）

月の位置

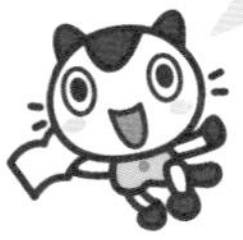

月の見える位置は、東のほうから、南の空を通って西のほうへと変わるよ。

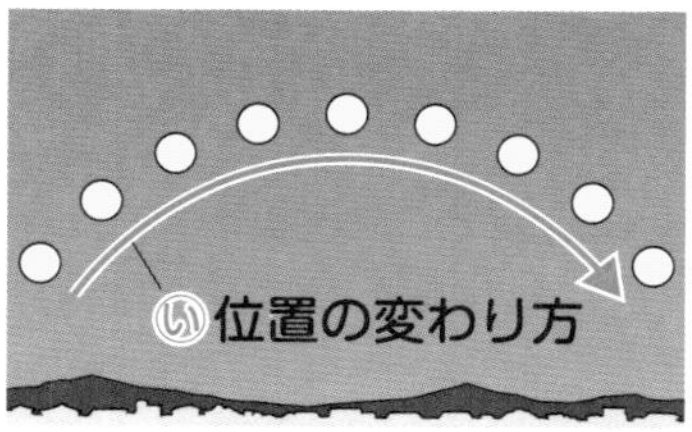
[い]位置の変わり方
㋐東
南
西

❽

月の形

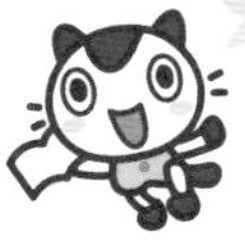

月は、日によって見える形が変わるよ。

㋐ 半月（はんげつ）　㋑ 満月（まんげつ）

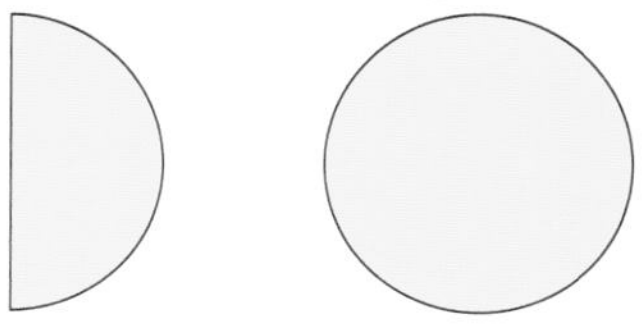

かん電池のつなぎ方

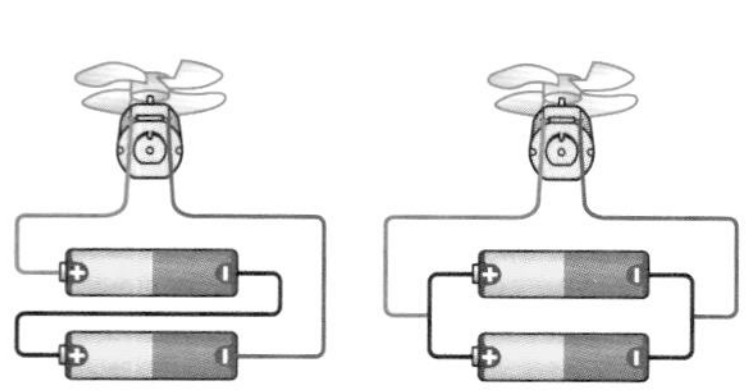

直列（ちょくれつ）つなぎのほうが、モーターが速く回る。

直列つなぎのほうが、流れる電流が大きい。

❿

気温の変化

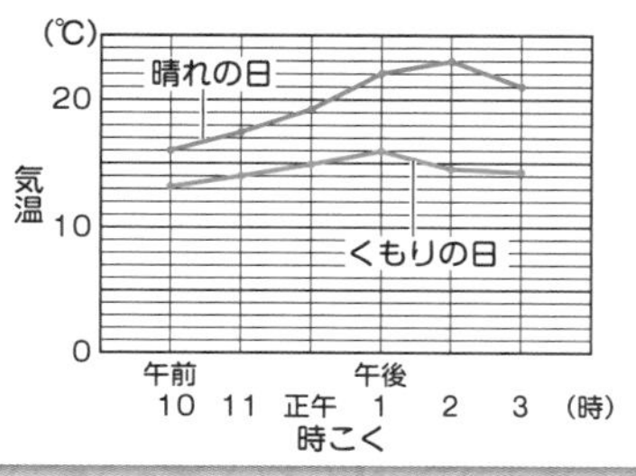
(℃)
20
10
0
気温
晴れの日
くもりの日
午前
10
11
正午
午後
1
2
3
(時)
時こく

晴れの日
1日の気温の変化（へんか）が大きい。

くもりの日
1日の気温の変化が小さい。

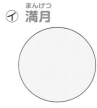

ツバメ

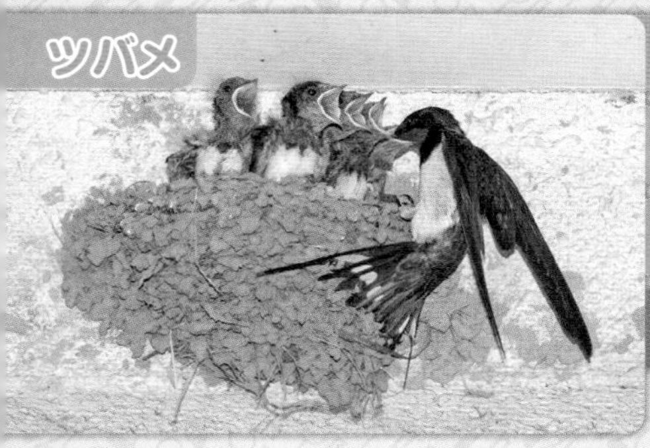

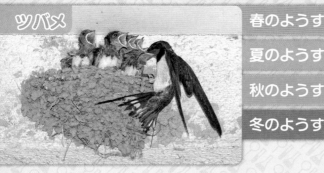

- 春のようす
- 夏のようす
- 秋のようす
- 冬のようす

⑪

ナナホシテントウ

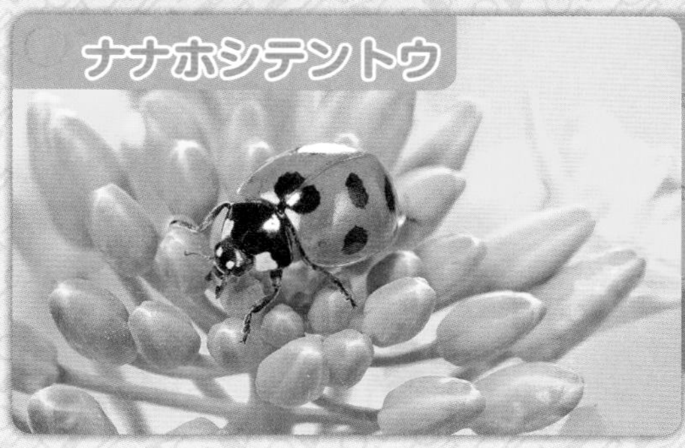

- 春のようす
- 夏のようす
- 秋のようす
- 冬のようす

⑫

オオカマキリ

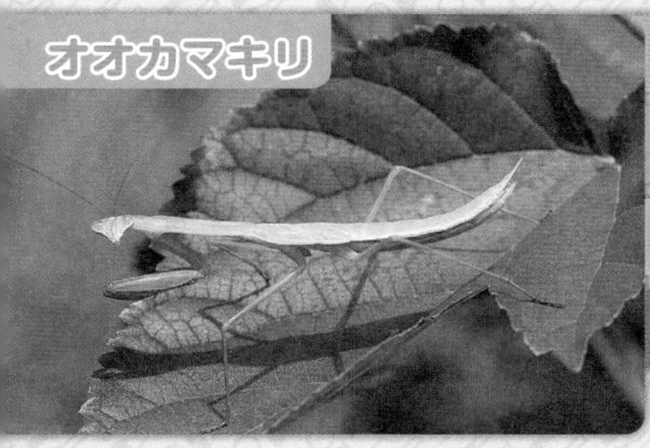

- 春のようす
- 夏のようす
- 秋のようす
- 冬のようす

⑬

ヒキガエル

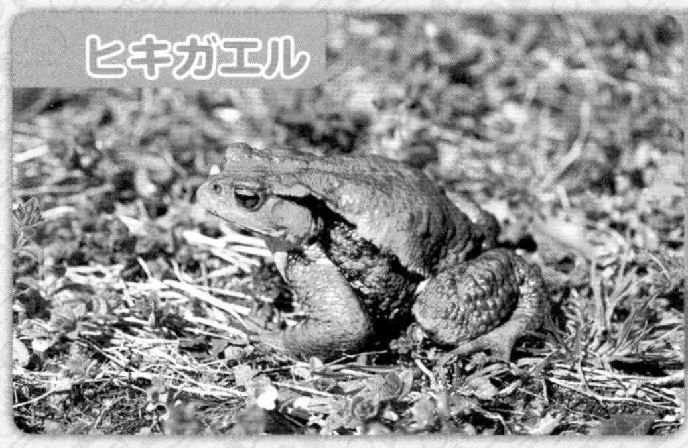

- 春のようす
- 夏のようす
- 秋のようす
- 冬のようす

⑭

空気の体積

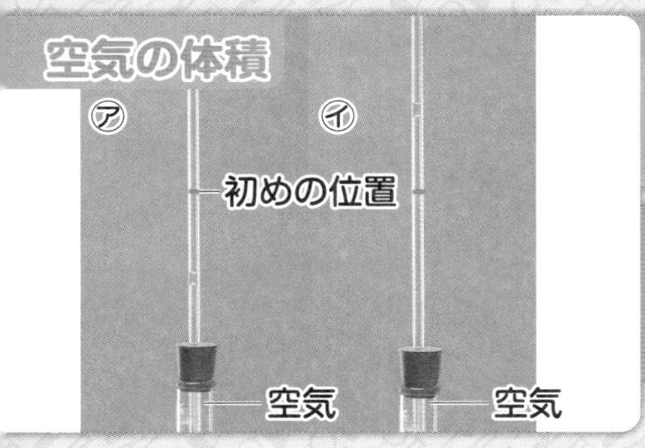
㋐
㋑
初めの位置
空気
空気

- あたためた空気は？
- 冷やした空気は？

⑮

金ぞくの体積

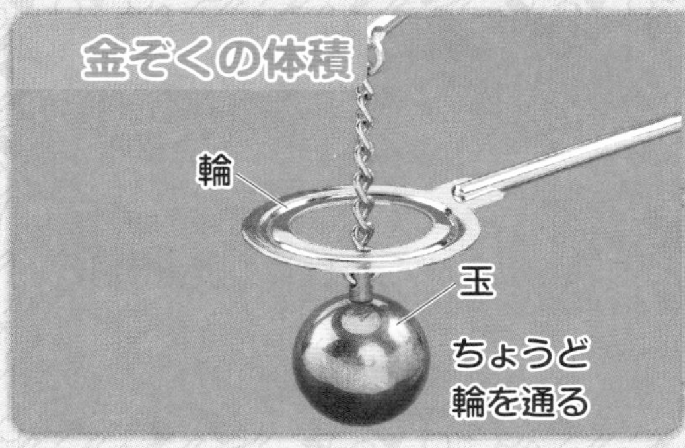
輪
玉
ちょうど
輪を通る

- 熱すると玉は輪を通る？
- 冷やすと玉は輪を通る？

⑯

とじこめた空気と水

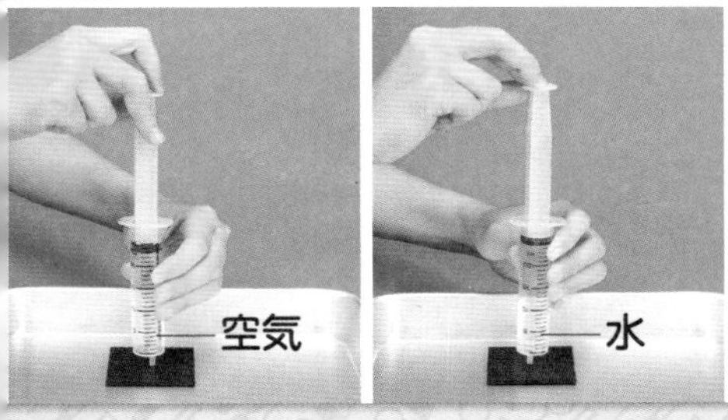
空気
水

- 空気をおすと？
- 水をおすと？

⑰

水のすがた

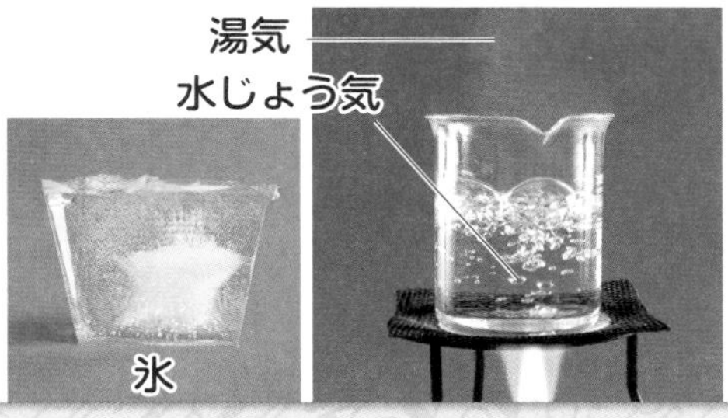
湯気
水じょう気
氷

- 固体は？
- 気体は？
- えき体は？

⑱

熱した水

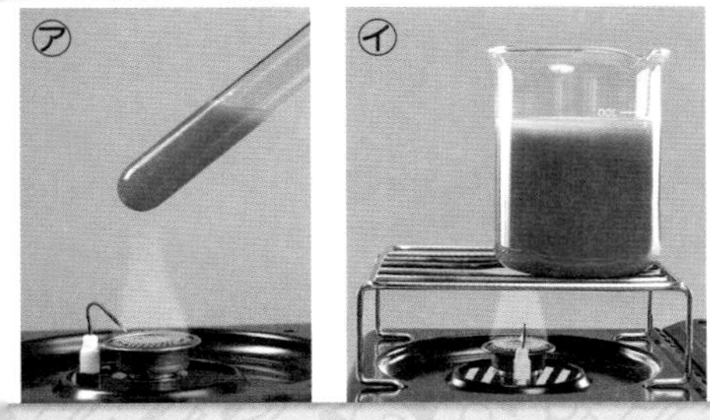
㋐
㋑

- ㋐のあたたまり方は？
- ㋑のあたたまり方は？

⑲

人の体のつくり

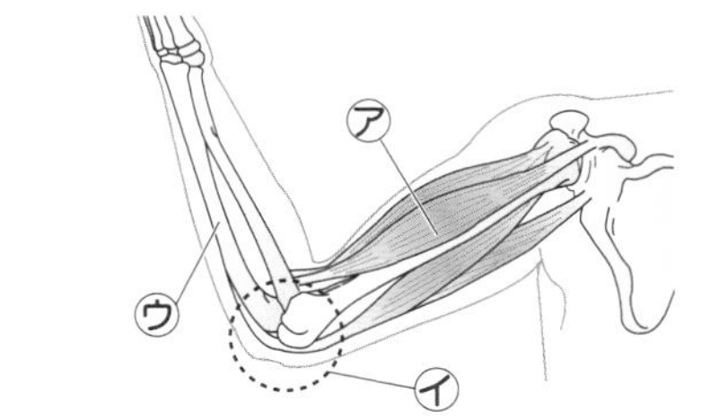
㋐
㋒
㋑

- きん肉は？
- 関節は？
- ほねは？

⑳

水のしみこみ方

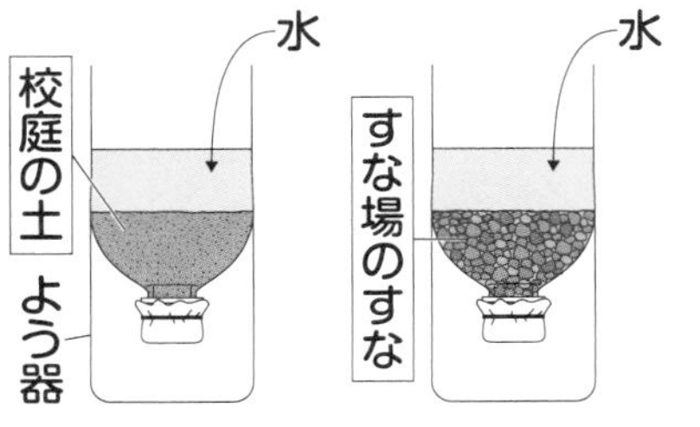
水
水
校庭の土
よう器
すな場のすな

- つぶが大きいのは？
- 水がしみこみやすいのは？

㉑

水のゆくえ

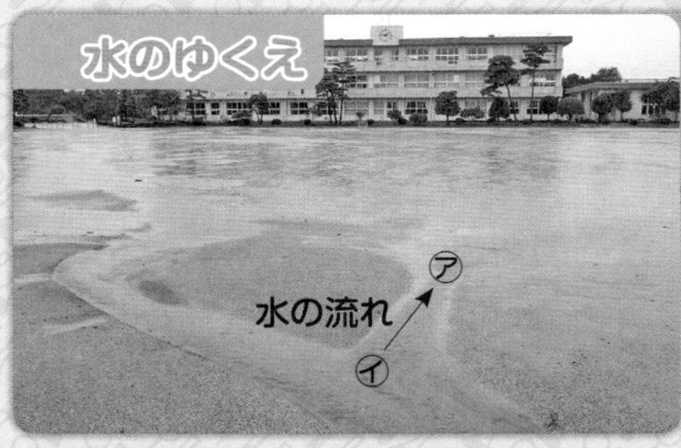
㋐
水の流れ
㋑

- 高いところにあるのは？
- 水がたまりやすいのは？

㉒

ナナホシテントウ

春 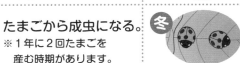 成虫が、たまごを産む。

夏 よう虫がさなぎになり、成虫になる。

秋 たまごから成虫になる。
※1年に2回たまごを産む時期があります。

冬 成虫のまま冬をこす。 ⑫

ツバメ

春 巣をつくり、たまごを産む。

夏 産まれたひなを育てる。

秋 南の国へわたっていく。

冬 南の国ですごす。

ヒキガエル

春 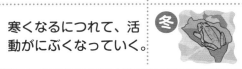 たまごからおたまじゃくしがかえる。

夏 陸に上がって生活する。

秋 寒くなるにつれて、活動がにぶくなっていく。

冬 土の中で動かずにすごす。 ⑭

オオカマキリ

春 たまごからよう虫がかえる。

夏 よう虫が成長し、成虫になる

秋 成虫がたまごを産む。

冬 たまごのまま冬をこす。

金ぞくの体積

金ぞくの体積の変化は、水や空気より小さいよ。

熱する 輪を通らなくなる。

冷やす 輪を通るようになる。 ⑯

空気の体積

ア 水が上に動く。
水が下に動く。 イ

あたためる 体積が大きくなる。 …イ

冷やす 体積が小さくなる。 …ア

水のすがた

湯気はえき体の水の小さなつぶだよ。

固体	氷
気体	水じょう気
えき体	湯気

⑱

とじこめた空気と水

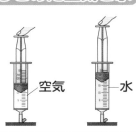

空気　水

● 空気をおすと、体積が小さくなる。

● 水をおしても体積は変わらない。

人の体のつくり

きん肉はゆるんだり、ちぢんだりするよ。

ア きん肉
ウ ほね
イ 関節

⑳

熱した水

ア　イ

あたためられた水が上へ動いて、全体があたたまっていく。

水のゆくえ

水は高いところから低いところへ流れるよ。

● イのほうが高いところにある。

● アのほうが水がたまりやすい。 ㉒

水のしみこみ方

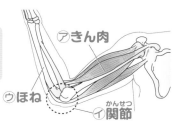

校庭の土　よう器　水
すな場のすな　水

すな場のすなのほうが、つぶが大きく、水がしみこみやすい

わくわくシール

まんてんシール

ばっちり！
おめでとう！
かんぺき！

★１日の学習がおわったら、チャレンジシールをはろう。
★実力はんていテストがおわったら、まんてんシールをはろう。

チャレンジシール

あとすこし！
KOBAN
いいね！
さいこう
すごいね
やったね！
やった!!
ゴーゴー
サイダー
だいじょうぶ！
もうすこし!!
まだまだ
ポップコーン
すごい！
イエーイ
ばっちり
もうすこし
がんばれ!!
さいこう
たのしいね！
一本
できた！
やったね！
すごい！
ばっちり
MILK
いいね
たのしいね！
がんばろう！
OK
どうだ
ファイト！
できた！
すばらしい
トライ！
スゴ～イ
おめでとう
できた！

春の星ざ

ししざ

1等星のレグルスがあって、とても見つけやすい星ざだよ。

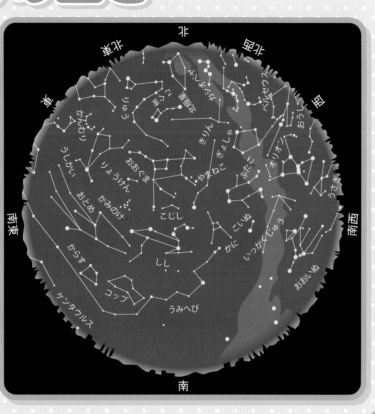

夏の星ざ

アンタレスは、赤色のとても見つけやすい星だね。

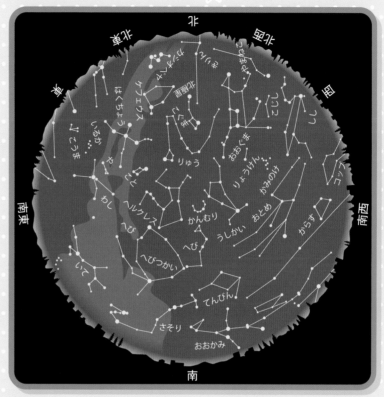

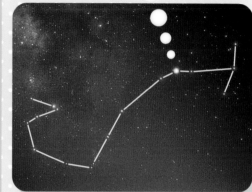

さそりざ

秋の星ざ

大きな四角形が目立つ星ざだね。

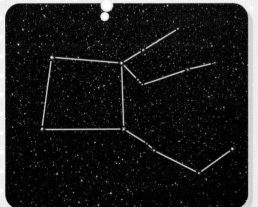

ペガススざ

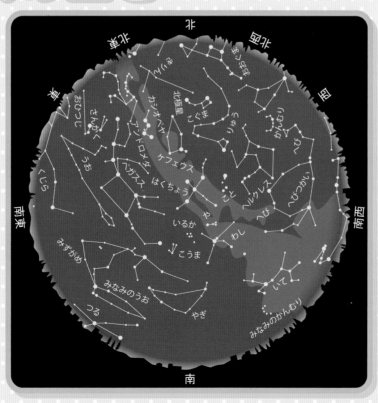

冬の星ざ

シリウスは、星ざの星のなかでいちばん明るい星だよ。

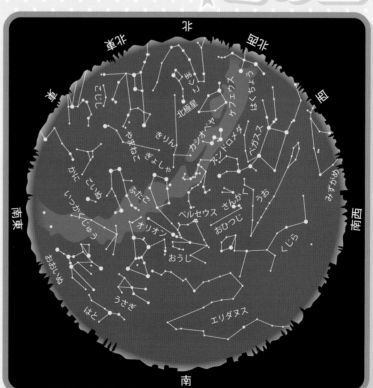

おおいぬざ

星ざのしゅるい

- さんかくざ
- かみのけざ
- けんびきょうざ
- コンパスざ
- きりんざ

・・・

オリオンざ！

星ざのしゅるいは88しゅるいときめられていて、外国でも同じ名前だよ。

星の色

- ★ 赤い星：さそりざのアンタレスなど
- ★ 黄色い星：こいぬざのプロキオンなど
- ★ 青白い星：オリオンざのリゲルなど

このほかにも、オレンジ色の星や白色の星などがあるよ。

流れ星

流れ星は、うちゅうのちりが地球に落ちてきたときに、もえて光って見えているんだね。

流れ星は、真夜中すぎから明け方にかけて、多く見られるよ。

星がたくさん見えるとき

夜空にはたくさんの星が見られるけれど、明るい場所からはあまり見えなくなるよ。

教科書ワーク
もくじ

東京書籍版
理科4年

▶動画　コードを読みとって、下の番号の動画を見てみよう。

●写真提供：アーテファクトリー、アフロ、PIXTA、Yoshio Nagashima
●動画提供：アフロ

1　1年間の観察の計画
2　植物や動物のようす①

きほんのワーク

図を見て、あとの問いに答えましょう。

1 気温のはかり方

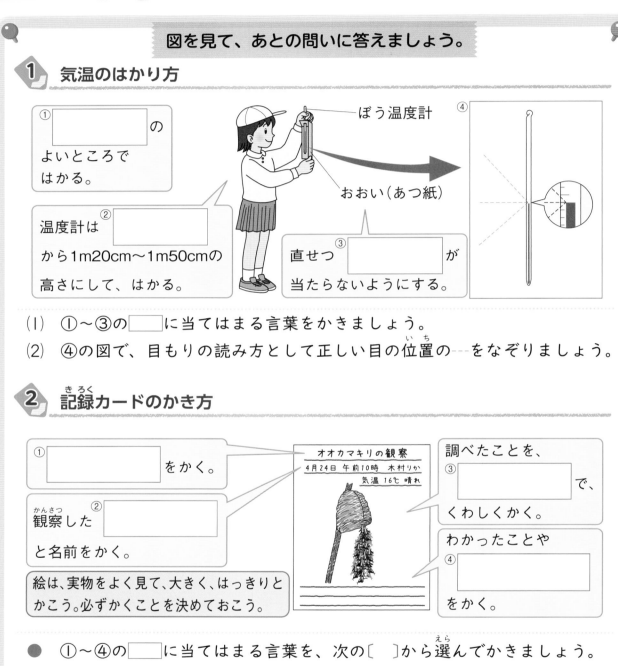

①〔　　　　〕のよいところではかる。

温度計は②〔　　　　〕から1m20cm〜1m50cmの高さにして、はかる。

ぼう温度計

おおい（あつ紙）

直せつ③〔　　　　〕が当たらないようにする。

④

(1)　①〜③の□に当てはまる言葉をかきましょう。

(2)　④の図で、目もりの読み方として正しい目の位置の---をなぞりましょう。

2 記録カードのかき方

①〔　　　　〕をかく。

観察した②〔　　　　〕と名前をかく。

絵は、実物をよく見て、大きく、はっきりとかこう。必ずかくことを決めておこう。

オオカマキリの観察
4月24日 午前10時 木村りか
気温 16℃ 晴れ

調べたことを、③〔　　　　〕で、くわしくかく。

わかったことや④〔　　　　〕をかく。

● ①〜④の□に当てはまる言葉を、次の〔　〕から選んでかきましょう。
〔　絵と文　　テーマ　　感想やぎもん　　月日　〕

まとめ　〔　空気　気温　〕から選んで（　）にかきましょう。

● じょうけんをそろえてはかった①（　　　　　　）の温度を②（　　　　　　）という。

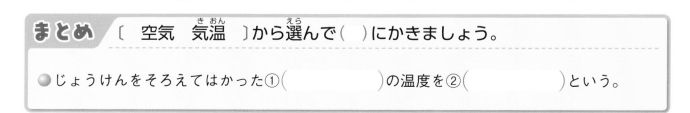

わくわくたんてい団　地面が日光を受けてあたたまったあと、地面が地面をとりまく空気をあたためるため、地面に近いほど温度は高くなります。よって、正しい気温は地面から1.2m〜1.5mではかるとされています。

勉強した日　月　日

できた数

／9問中

おわったら
シールを
はろう

練習のワーク

教科書 6〜15、181、187、188ページ　答え 1 ページ

1 温度計と気温のはかり方について、次の問いに答えましょう。

(1) 気温をはかるとき、温度計にはおおいをします。これは、温度計に何が直せつ当たらないようにするためですか。

（　　　　　　　　）

(2) 次のうち、気温のはかり方として正しいほうに〇をつけましょう。

① (　　　) 風通しのよくないところで、高さが50cm〜1mになるように、温度計を持つ。

② (　　　) 風通しのよいところで、高さが1m20cm〜1m50cmになるように、温度計を持つ。

(3) 温度計の目もりを読むときの正しい目の位置を、図の⑦〜⑦から選びましょう。

（　　　　　　　　）

(4) 図の温度計がしめしている気温は、何度ですか。　　　（　　　　　　　　）

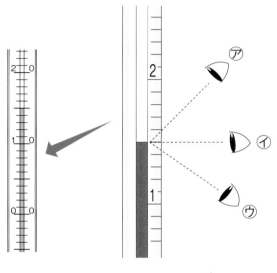

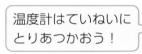
温度計はていねいにとりあつかおう！

温度計と目を直角にして、正しい目もりを読みとろう！

2 記録カードのかき方やまとめ方についてかいた次の文のうち、正しいものには〇、まちがっているものには×をつけましょう。

① (　　　) 記録カードには、調べた月日や名前をかく。

② (　　　) 記録カードには、くわしく調べたことをかいてはいけない。

③ (　　　) 記録カードには、絵や文で調べたことをかく。

④ (　　　) 記録カードには、感想はかくが、ぎもんをかいてはいけない。

⑤ (　　　) 記録カードは、ひもでとじたり、ファイルに入れたりして整理する。

観察した結果は、どんな記録のしかたをするとよいかな？　また、どのように整理するとわかりやすいかな？　考えてみよう！

2 植物や動物のようす②
3 記録の整理

もくひょう
動物の活動のようすを観察し、記録の整理についてかくにんしよう。

おわったらシールをはろう

きほんのワーク

教科書 6～15、181、184、185ページ　答え 1 ページ

図を見て、あとの問いに答えましょう。

1 動物の活動

① □　たまご

② □　おたまじゃくし

⑤ □

③ □

④ □　よう虫

(1) ①～④の動物の名前を、下の〔 〕から選んで、□にかきましょう。

〔　オオカマキリ　ヒキガエル　ツバメ　カブトムシ　〕

(2) ⑤の□に当てはまる言葉をかきましょう。

2 ヘチマの育て方

葉が①（ 3～4　9～10 ）まいになったら植えかえる。

植えかえ

ささえの② □ をさす。

たね　→　→　→　花だん

③ □

(1) ①の（ ）のうち、正しいほうを◯でかこみましょう。

(2) ②、③の□に当てはまる言葉をかきましょう。

まとめ　〔　多くなる　たまご　〕から選んで（ ）にかきましょう。

● あたたかくなると、①（　　　　　　　）をうむ動物や、さかんに活動を始める動物が多くなる。

● あたたかくなると、芽や葉が出たり、花がさいたりする植物が②（　　　　　　　）。

植物の中には、雨の日には花をさかせないものがあります。花のみつをすうこん虫も、雨の日はあまり活動しないで、植物のかげなどでじっとしてすごしています。

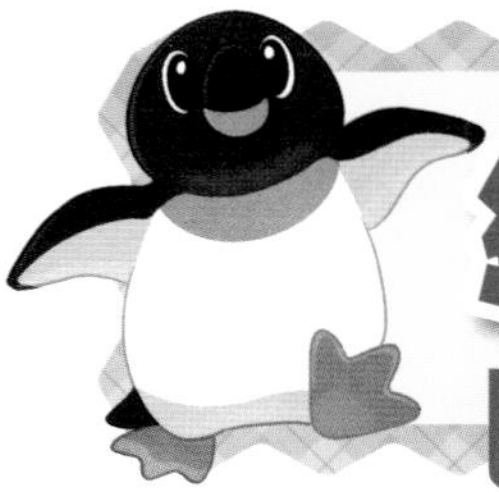

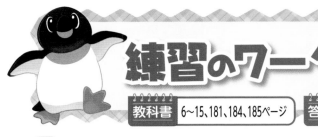

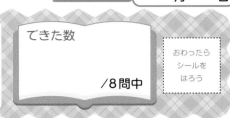

勉強した日　　月　　日

練習のワーク

教科書 6~15、181、184、185ページ　答え 1ページ

できた数　／8問中

おわったら シールを はろう

1 **春のころの、動物の活動を調べます。次の問いに答えましょう。**

(1) 右の図の㋐、㋑は、何のたまごですか。下の〔　〕から選びましょう。

㋐(　　　　　　　)

㋑(　　　　　　　)

〔 オオカマキリ　カブトムシ　ヒキガエル　ツバメ 〕

㋐
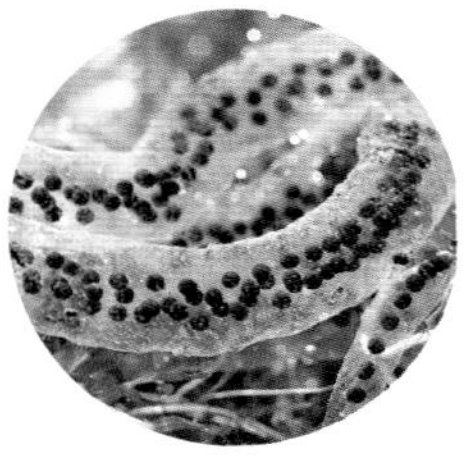

㋑
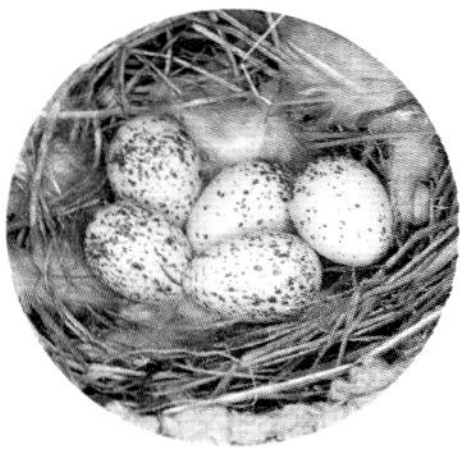

㋒
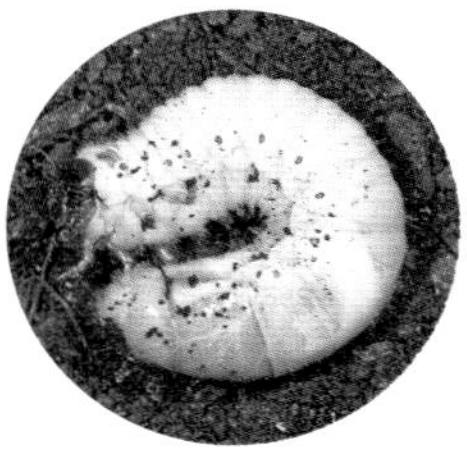

(2) 右の図の㋒は、何のよう虫ですか。(1)の〔　〕から選びましょう。

(　　　　　　　)

(3) ㋐～㋒のうち、土の中にいる動物はどれですか。(　　　)

2 **右の図のように、オオカマキリのよう虫のようすを観察して、記録カードをかきました。次の問いに答えましょう。**

(1) ㋐にかくものとして、正しいものに○をつけましょう。

①(　　　)水温

②(　　　)気温

③(　　　)体温

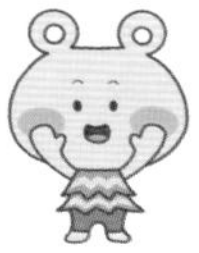

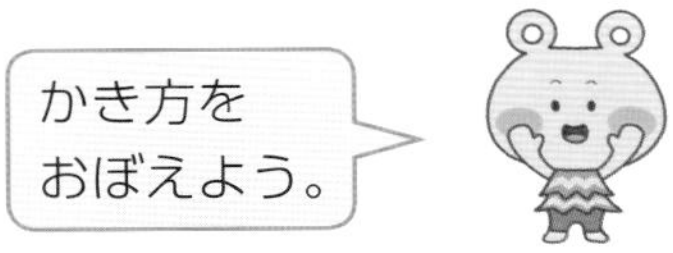

(2) ㋑に当てはまる文として、正しいものに○をつけましょう。

①(　　　)さむくなった

②(　　　)晴れた

③(　　　)あたたかくなった

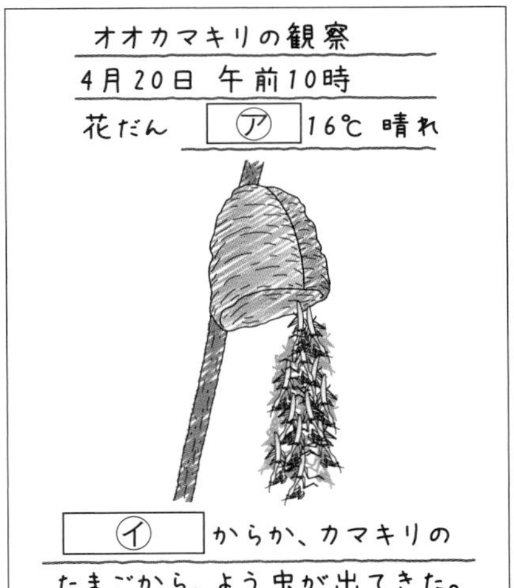

3 **ヘチマの育て方について、次の問いに答えましょう。**

(1) 芽が出たら、ヘチマを日なたと日かげのどちらに置(お)きますか。

(　　　　　　)

(2) 葉が3～4まいになったとき、どこに植えかえるとよいですか。

(　　　　　　　　　　)

まとめのテスト

1　あたたかくなると

とく点

/100点

おわったら
シールを
はろう

教科書　6〜15、181、184、185、187、188ページ　答え　2ページ

時間
20
分

SDGs **1** 植物の春のようす　植物の春のようすについて、次の問いに答えましょう。

1つ5〔30点〕

（1）　次の文のうち、植物の春のようすとして、正しいものには○、まちがっている
ものには×をつけましょう。

①（　　　　）空き地のいろいろな植物が、緑色の芽を出して、育ち始めていた。

②（　　　　）花だんのいろいろな植物の花がかれ、葉やくきもかれ始めていた。

③（　　　　）ヘチマのくきがよくのび、上の方の葉は大きくなり、黄色の花がさい
ていた。

④（　　　　）かれたように見えた木のえだから、緑色の芽や葉が出てきた。

⑤（　　　　）サクラの葉は落ちてしまったが、えだの先に芽が出てきた。

記述 （2）　春になって、植物のようすが変わってきたのは、なぜですか。

（　　　　　　　　　　　　　　　　　　　　　　　　　　　　　　）

2 ツルレイシの春のようす　ツルレイシの春のようすについて、次の問いに答え
ましょう。

1つ5〔20点〕

（1）　ツルレイシのたねは、どれ
ですか。右の㋐〜㋒から選び
ましょう。　（　　　　）

 ㋐
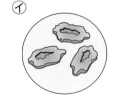 ㋑
 ㋒

（2）　ツルレイシの実は、どれで
すか。右の㋓〜㋕から選びま
しょう。　（　　　　）

記述 （3）　葉が3〜4まいになったツ
ルレイシを花だんに植えかえ
ます。このとき、くきをささ
えるために、何をしますか。

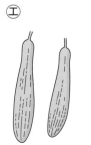 ㋓
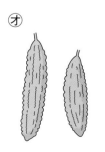 ㋔
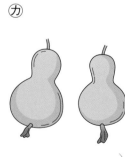 ㋕

（　　　　　　　　　　　　　　　　　　　　　　　　　　　　　　）

記述 （4）　（3）のあと、のびたくきの長さは、1週間ごとにどのように調べますか。

（　　　　　　　　　　　　　　　　　　　　　　　　　　　　　　）

3 鳥の春のようす　次の図は、ある鳥の春のようすを表しています。あとの問い
に答えましょう。
1つ5〔20点〕

㋐ 　　　㋑

(1)　この鳥の名前は、何ですか。（　　　　　　　　　）
(2)　㋑は、この鳥が何をつくっているようすですか。（　　　　　　　　　）
(3)　(2)をつくった後、この鳥は何をうみますか。（　　　　　　　　　）
(4)　この鳥は、どこからやってきましたか。正しいほうに〇をつけましょう。
　①（　　　　）南の方からやってきた。
　②（　　　　）北の方からやってきた。

4 こん虫の春のようす　次の図は、あるこん虫のようすを表しています。あとの
問いに答えましょう。
1つ5〔30点〕

(1)　このこん虫の名前は、何ですか。（　　　　　　　　　）
(2)　このこん虫の春のようすは、㋐、㋑のどちらですか。（　　　　）
(3)　㋐は、このこん虫の何ですか。次のア〜エから選びましょう。（　　　　）
　　ア　たまご　　イ　よう虫　　ウ　さなぎ　　エ　成虫
(4)　㋑は、このこん虫の何ですか。(3)のア〜エから選びましょう。（　　　　）
(5)　こん虫の春のようすについて、次の文の（　）に当てはまる言葉をかきましょう。
　　　春になり、①（　　　　　　　　）くなると、こん虫などの動物の多くは
　　②（　　　　　　　　）に活動を始めるようになる。

勉強した日　月　日

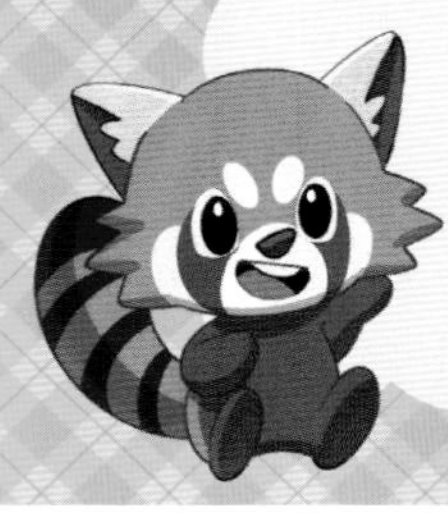

1　うでのつくりと動き
2　からだ全体のつくりと動き

きほんのワーク

もくひょう：人や動物の、からだのつくりと動き方について学ぼう。

おわったらシールをはろう

教科書 16～29ページ　答え 3ページ

図を見て、あとの問いに答えましょう。

1 うでのつくりと動き

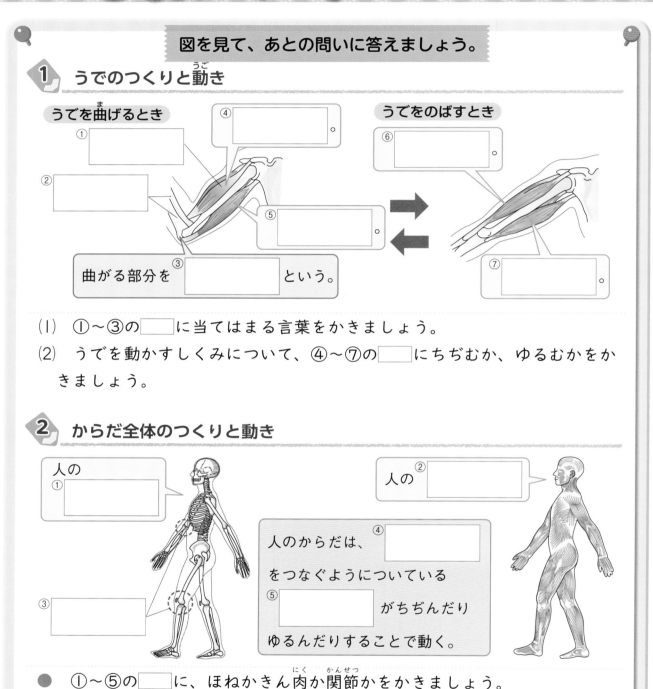

うでを曲げるとき

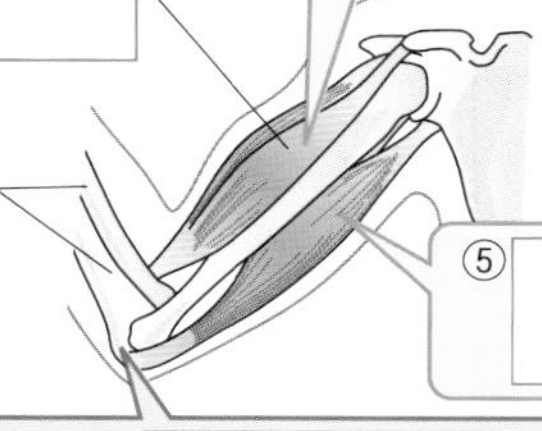

①
②
④
⑤
曲がる部分を③　という。

うでをのばすとき

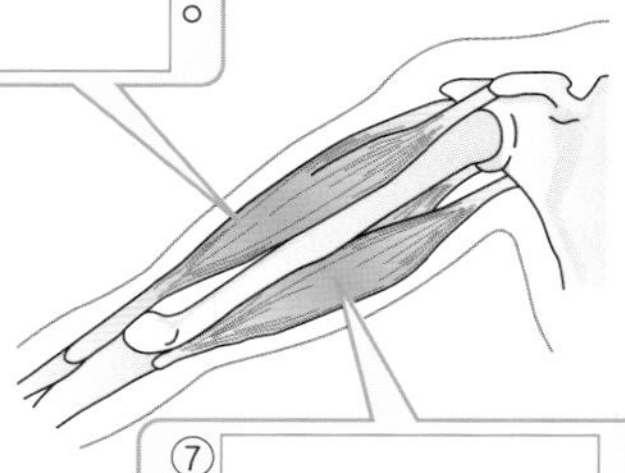

⑥
⑦

(1)　①～③の□に当てはまる言葉をかきましょう。

(2)　うでを動かすしくみについて、④～⑦の□にちぢむか、ゆるむかをかきましょう。

2 からだ全体のつくりと動き

人の①

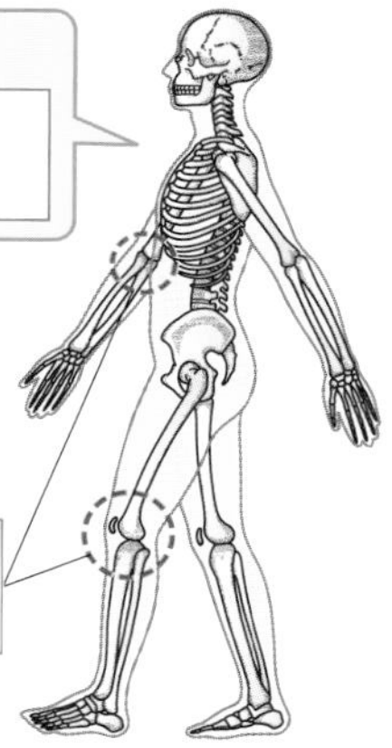

③

人の②

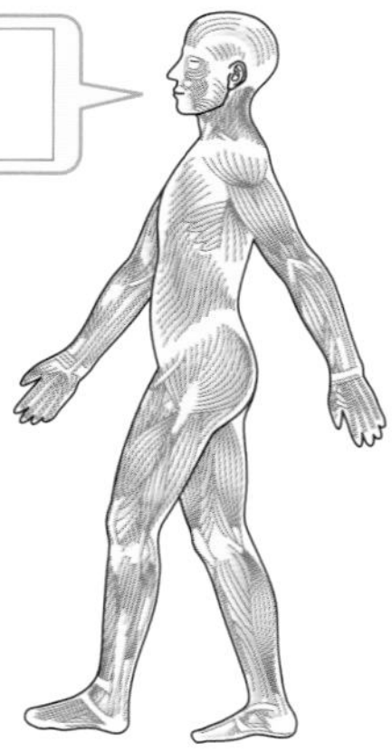

人のからだは、④　をつなぐようについている⑤　がちぢんだりゆるんだりすることで動く。

●　①～⑤の□に、ほねかきん肉か関節かをかきましょう。

まとめ　〔　ちぢんだりゆるんだり　関節　〕から選んで（　）にかきましょう。

● 人のからだは、ほねとほねのつなぎ目である①（　　　）で曲げることができる。

● 人のからだは、ほねについたきん肉が②（　　　）することで動く。

わくわくたんてい団

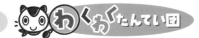

人のからだには、ほねが200こ以上あります。いちばん長いほねは、太もものほねです。いちばん小さなほねは、耳のおくにあるほねで、3mmぐらいの大きさです。

勉強した日　　月　　日

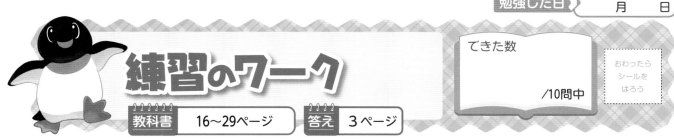

練習のワーク

教科書　16～29ページ　　答え　3ページ

できた数　　/10問中

おわったら シールを はろう

1　人のうでのつくりについて、あとの問いに答えましょう。

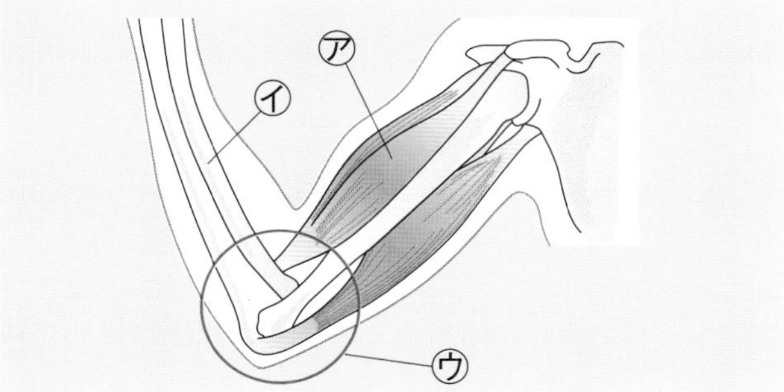

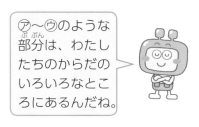

㋐～㋒のような部分(ぶぶん)は、わたしたちのからだのいろいろなところにあるんだね。

(1)　㋐は、さわるとやわらかく、力を入れるとかたくなる部分です。何といいますか。（　　　　）

(2)　㋑は、さわるといつもかたい部分です。何といいますか。（　　　　）

(3)　㋒は、㋑のつなぎ目です。何といいますか。（　　　　）

(4)　からだが曲がるのは、㋐～㋒のどの部分ですか。（　　）

2　右の図は、人以外(いがい)の動物のほねやきん肉のようすを調べたものです。次の問いに答えましょう。

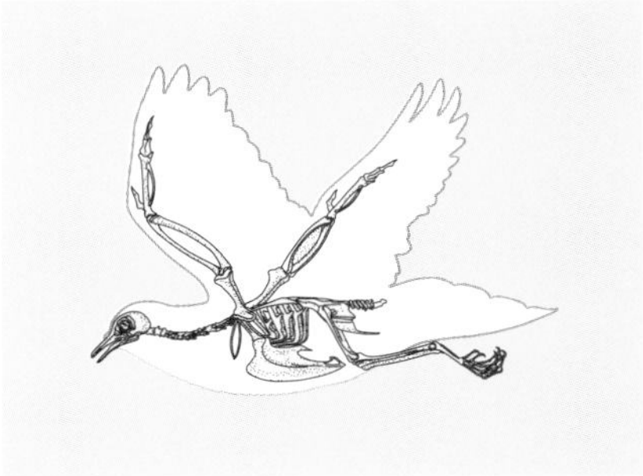

(1)　右の図は、何という動物のほねですか。下の〔　〕から選んでかきましょう。（　　　　）

〔　ハト　　ウサギ　〕

(2)　動物のからだは、何のはたらきでささえたり動かしたりしていますか。ア～ウから選びましょう。（　　）

ア　ほねだけのはたらき

イ　きん肉だけのはたらき

ウ　ほねやきん肉のはたらき

ほかの動物にも、ほねやきん肉があるんだ。

(3)　ほねやきん肉についてかいた次の文のうち、正しいものには○、まちがっているものには×をつけましょう。

①（　　）ハトにはほねがないので、空を飛ぶことができる。

②（　　）ハトにはきん肉がないので、空を飛ぶことができる。

③（　　）ウサギやハトにも、ほねやきん肉がある。

④（　　）ハトには関節があるが、ウサギにはない。

勉強した日　月　日

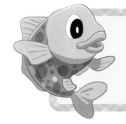

まとめのテスト

2　動物のからだのつくりと運動

とく点

/100点

おわったらシールをはろう

時間 20分

教科書 16〜29ページ　答え 3ページ

1 人のからだのつくりと運動 **次の文の(　)に当てはまる言葉を、下の〔　〕から選んでかきましょう。同じ言葉を何回選んでもかまいません。** 1つ4〔24点〕

うでをさわったとき、やわらかく感じる部分には①(　　　)があり、力を入れると、かたくなる。また、いつもかたい部分には②(　　　)がある。

③(　　　)は、ちぢんだりゆるんだりする。また、④(　　　)にはからだを守る役わりがある。これらがからだ全体にあることで、からだをささえたり、動かしたりすることができる。

ほねと⑤(　　　)のつなぎ目を⑥(　　　)といい、うでなどは、ここで曲げることができる。

〔　きん肉　　ほね　　関節　〕

2 人のからだのつくり **右の図は、人のからだのつくりを表したものです。次の問いに答えましょう。** 1つ5〔25点〕

(1)　図は、人のほねときん肉のうち、どちらを表していますか。(　　　　)

(2)　ほねのある部分をさわると、どのような感じがしますか。(　　　　)

(3)　はいや心ぞうを守るはたらきをしているのは、㋐〜㋕のうちどれですか。(　　)

(4)　ひざの関節を表しているのは、㋐〜㋕のうちどれですか。(　　)

(5)　うでの関節を表しているのは、㋐〜㋕のうちどれですか。(　　)

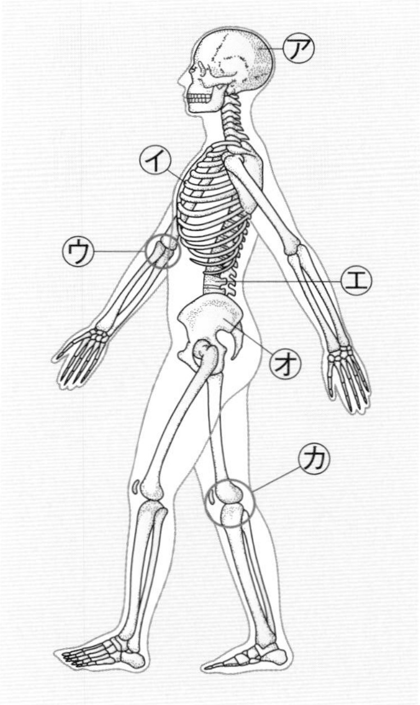

チャレンジ!

3 人のからだのきん肉 **人のからだのきん肉についてかいた次の文のうち、正しいものには○、まちがっているものには×をつけましょう。** 1つ5〔15点〕

①(　　　)顔は、曲げることができないので、きん肉がない。

②(　　　)顔にはきん肉があり、表じょうをつくることができる。

③(　　　)からだの動かし方によって、使うきん肉はちがっている。

4 人のうでの曲げのばし　次の図は、人のうでを曲げたときと、のばしたときの
きん肉のようすを表しています。あとの問いに答えましょう。

1つ5〔20点〕

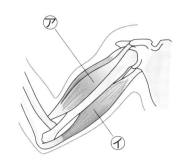
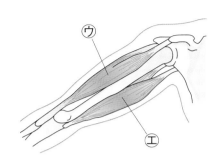

(1) うでを曲げたとき、かたくなっているのは、㋐、㋑のどちらのきん肉ですか。
（　　　　）

(2) うでを曲げたとき、ゆるんでいるのは、㋐、㋑のどちらのきん肉ですか。
（　　　　）

(3) うでをのばしたとき、ちぢんでいるのは、㋒、㋓のどちらのきん肉ですか。
（　　　　）

(4) 手に重い物を持っているとき、㋐のきん肉はかたくなりますか、やわらかくな
りますか。（　　　　　　　　）

5 動物のからだのつくりとはたらき　次の図は、ウサギとハトのほねのつくりを
表したものです。あとの問いに答えましょう。

1つ4〔16点〕

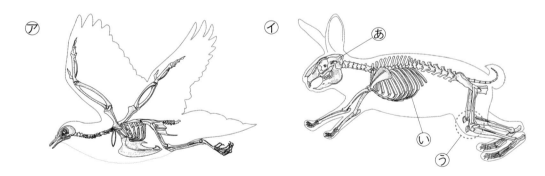

(1) ウサギのほねを表しているのは、㋐、㋑のどちらですか。（　　　　）

(2) ㋑の㋐～㋒のうち、関節を表しているのはどこですか。（　　　　）

(3) ハトとウサギのほねときん肉について、正しいほうに○をつけましょう。

①（　　　）ハトにはほねときん肉がないが、ウサギにはほねときん肉がある。

②（　　　）ハトにもウサギにも、ほねときん肉がある。

(4) 次の文の（　）に当てはまる言葉をかきましょう。

　　ウサギやハトが動き回ることができるのは、人と同じように
ほねや（　　　　　　　）、関節があるためである。

1　1日の気温と天気

もくひょう

1日の気温の変わり方や、天気との関係を学ぼう。

おわったらシールをはろう

きほんのワーク

教科書 30〜37、182、188ページ　答え 4ページ

図を見て、あとの問いに答えましょう。

① 気温の変わり方を表すグラフ

時こく	天気	（印）	気温
午前9時	晴れ	☀	16℃
10時	晴れ	☀	17℃
11時	晴れ	☀	19℃
正　午	晴れ	☀	21℃
午後1時	晴れ	☀	22℃
2時	晴れ	☀	24℃
3時	晴れ	☀	23℃

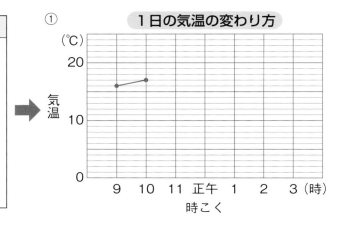

① 1日の気温の変わり方

● 上の表を見て、気温の記録を①のグラフに表しましょう。

② 1日の気温の変わり方

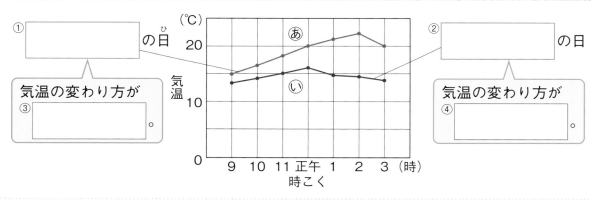

① _____ の日

気温の変わり方が
③ _____ 。

② _____ の日

気温の変わり方が
④ _____ 。

(1) あ、いのグラフは、晴れの日とくもりの日の、どちらの気温の変わり方を表したものですか。①、②の◻にかきましょう。

(2) 1日の気温について、③、④の◻に大きいか小さいかをかきましょう。

まとめ　〔 変わらない　朝　昼すぎ 〕から選んで（　）にかきましょう。

● 晴れの日の1日の気温は、①（　　　　　　）と夕方が低く、②（　　　　　　）に高くなる。

● くもりや雨の日の1日の気温は、あまり③（　　　　　　）。

  太陽が最も高くなるのは正午ごろですが、気温がいちばん高くなるのは昼すぎです。これは、日光であたためられた地面が、空気をあたためるからです。

できた数

/9問中

おわったら
シールを
はろう

教科書 30～37、182、188ページ　答え 4ページ

1 次の2つのグラフは、晴れの日とくもりの日の、1日の気温の変わり方を表しています。あとの問いに答えましょう。

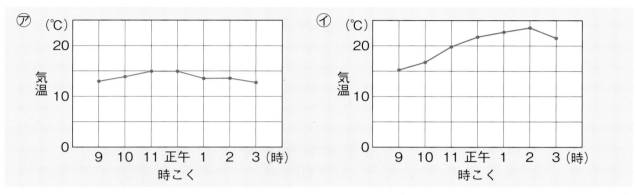

(1) このようなグラフを何グラフといいますか。　（　　　　　　　）

(2) くもりの日の気温の変わり方を表しているグラフは、㋐、㋑のどちらですか。
　　　　　　　　　　　　　　　　　　　　　　　　　　（　　　　　　　）

(3) くもりの日の正午の気温は何度ですか。　　　　　（　　　　　　　）

(4) 晴れの日に、気温がいちばん高くなったのは、何時ですか。グラフを見て答えましょう。　　　　　　　　　　　　　　　　　　（　　　　　　　）

(5) 気温の変わり方が大きいのは、晴れの日とくもりの日のどちらですか。
　　　　　　　　　　　　　　　　　　　　　　　　　　（　　　　　　　）

(6) 「晴れ」や「くもり」の天気は、空全体の何の量を見て決めますか。
　　　　　　　　　　　　　　　　　　　　　　　　　　（　　　　　　　）

2 右の図は、ある日の気温の変わり方を記録したものです。次の問いに答えましょう。

(1) この記録は、何という器具によって記録されたものですか。　　　　　（　　　　　　　）

(2) (1)の器具は、気温をどのように記録することができますか。次のうち、正しいものに〇をつけましょう。

①（　　　）1時間ごとに記録することができる。

②（　　　）連続して記録することができる。

③（　　　）30時間ごとに記録することができる。

(3) この日のいちばん高い気温を記録したのは、㋐、㋑のどちらですか。
　　　　　　　　　　　　　　　　　　　　　　　　　　（　　　　　　　）

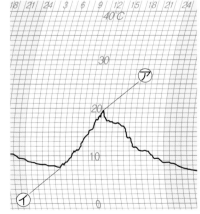

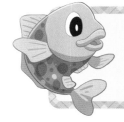

まとめのテスト

3　天気と気温

とく点　/100点

おわったら シールを はろう

時間 20分

教科書 30~37、182、188ページ　答え 4ページ

1 気温や天気の調べ方　右の図は、校庭などに置(ち)いてあるそう置で、中に温度計などがあります。次の問いに答えましょう。 1つ5〔25点〕

(1)　図の白い箱を、何といいますか。
(　　　　　)

(2)　(1)の中は、何をはかるじょうけんに合っていますか。(　　　　　)

(3)　天気が晴れかくもりかは、空全体の何の量を見て決めますか。(　　　　　)

(4)　(3)が下の㋐、㋑のようになっているときの天気を、それぞれ何といいますか。

㋐(　　　　　)　㋑(　　　　　)

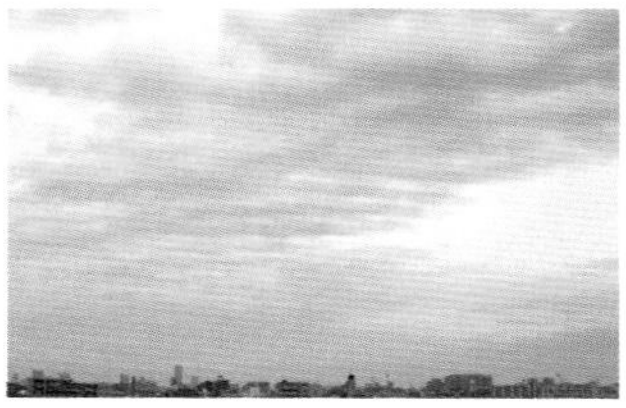

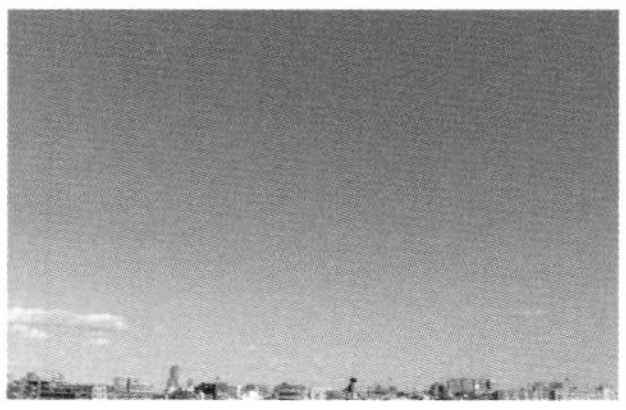

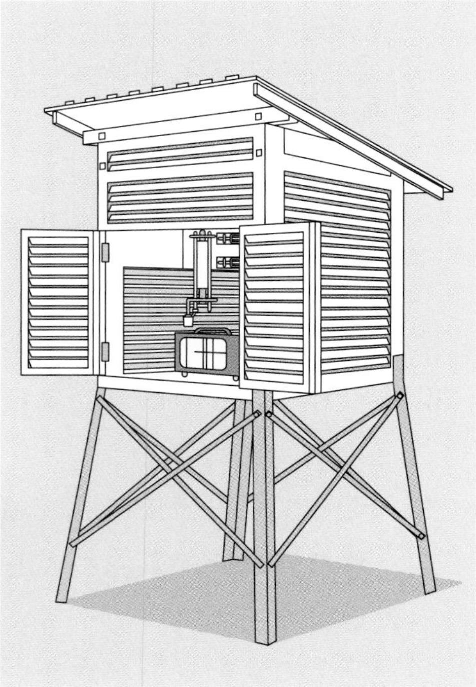

チャレンジ! 2 気温のはかり方　1日の気温の変わり方を調べます。気温のはかり方として正しいものに6つ○をつけましょう。 1つ5〔30点〕

①(　　　)温度計と顔を20cm ~ 30cmはなしてはかる。
②(　　　)温度計と顔をできるだけ近づけてはかる。
③(　　　)温度計に直せつ日光が当たるようにしてはかる。
④(　　　)温度計に直せつ日光が当たらないようにしてはかる。
⑤(　　　)地面から30cm ~ 50cmの高さのところではかる。
⑥(　　　)地面から1m20cm ~ 1m50cmの高さのところではかる。
⑦(　　　)風通しのよいところではかる。
⑧(　　　)風通しのよくないところではかる。
⑨(　　　)約(やく)6時間ごとに、毎回ちがう場所ではかる。
⑩(　　　)約1時間ごとに、毎回同じ場所ではかる。
⑪(　　　)温度計と目を直角にして、温度を読む。
⑫(　　　)温度計のななめ上の方向から、温度を読む。

3 晴れの日と雨の日の気温 次の表は、晴れの日と雨の日の気温の変わり方を表したものです。あとの問いに答えましょう。

1つ5〔25点〕

	午前9時	10時	11時	正午	午後1時	2時	3時
㋐	12℃	13℃	13℃	13℃	12℃	12℃	12℃
㋑	15℃	16℃	19℃	20℃	21℃	22℃	20℃

(1) 次の①、②のグラフは、それぞれ㋐、㋑のどちらの日を表していますか。

①(　　　　) ②(　　　　)

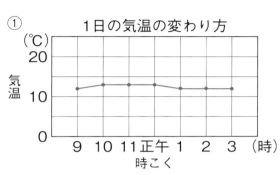
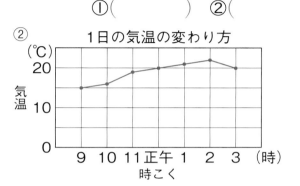

(2) 晴れの日と雨の日で、1日の気温の変わり方が大きいのは、どちらですか。
(　　　　　　　)

(3) 晴れの日の記録は、㋐、㋑のどちらですか。　(　　　　　　　)

(4) 晴れの日の午前9時から午後3時までの間で、いちばん高い気温といちばん低い気温の差は、何度ですか。
(　　　　　　　)

4 1日の気温の変わり方 1日の気温の変わり方について、次の問いに答えましょう。

1つ5〔20点〕

㋐

(1) 百葉箱（ひゃくようばこ）の中に入っている㋐のそう置を、何といいますか。　(　　　　　　　)

述 (2) ㋐を使うと、1日の気温の変わり方をどのように記録することができますか。

(　　　　　　　　　　　　　　　　　)

(3) ㋑は、㋐を使って、気温の変わり方を記録したものです。5月10日の気温がいちばん低かったのは、午前何時ですか。(　　　　　　)

(4) 5月10日のいちばん高い気温は何度ですか。
(　　　　　　)

㋑
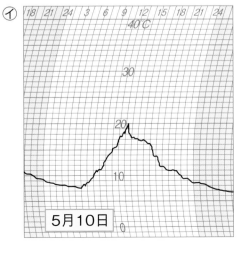
5月10日

15

1 かん電池のはたらき

きほんのワーク

教科書 38～42、194ページ　答え 5 ページ

もくひょう
かん電池の向きと電流の向きの関係をかくにんしよう。

おわったらシールをはろう

図を見て、あとの問いに答えましょう。

1 電流の向きとモーターの回る向き

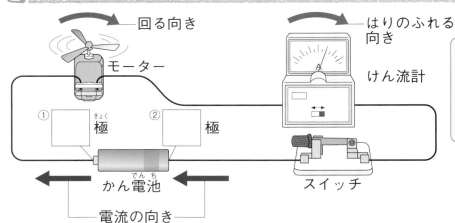

かん電池とモーターをつなぐと、電気が流れてモーターが回るよ。この電気の流れを電流というよ。

▼かん電池の向きを変える

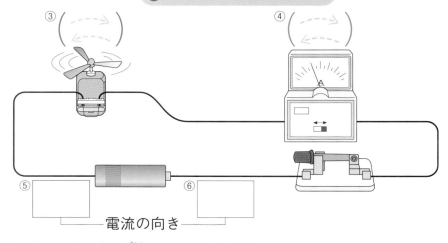

けん流計を使うと、はりのふれる向きで「電流の向き」を、はりのさす目もりで「電流の大きさ」を知ることができるよ。

(1) ①、②は、＋極ですか、一極ですか。□にかきましょう。

(2) モーターの回る向きとけん流計のはりのふれる向きはどうなりますか。③、④の矢印のうち正しいほうをなぞりましょう。

(3) 電流の向きは、どうなりますか。⑤、⑥の□□□に矢印をかきましょう。

まとめ　〔 ＋ 一 向き 〕から選んで( )にかきましょう。

●かん電池をつなぐ向きを変えると、電流の①( )が変わる。

●電流は、かん電池の②( )極からモーターを通って③( )極に流れる。

16  かん電池とどう線だけをつなぐと、はれつしたり、熱くなったりすることがあり、きけんです。また、古い電池と新しい電池をまぜて使わないようにしましょう。

勉強した日　　月　　日

練習のワーク

教科書 38～42、194ページ　答え 5ページ

できた数　　/7問中

おわったらシールをはろう

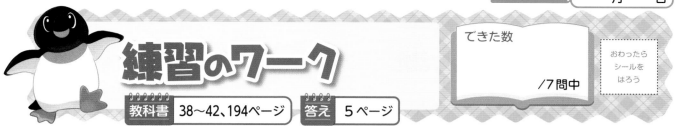

1 回路に流れる電流の大きさをはかります。あとの問いに答えましょう。

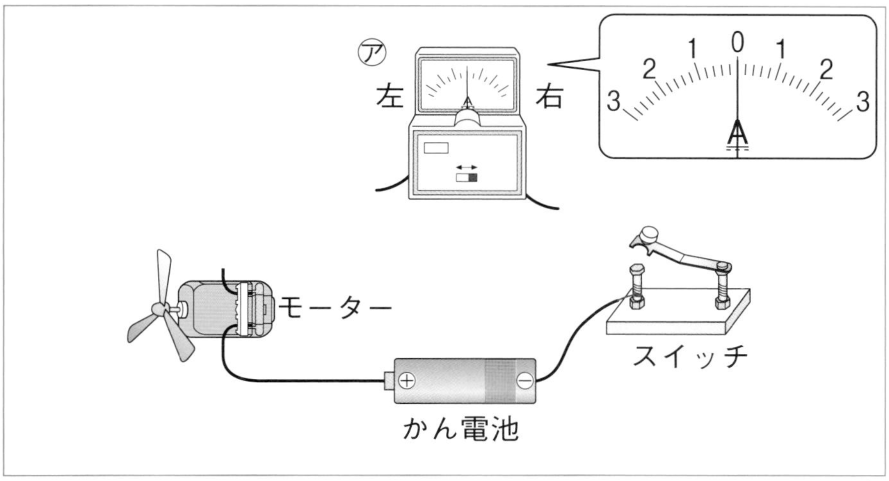

㋐
左
右
3 2 1 0 1 2 3
A
モーター
スイッチ
かん電池

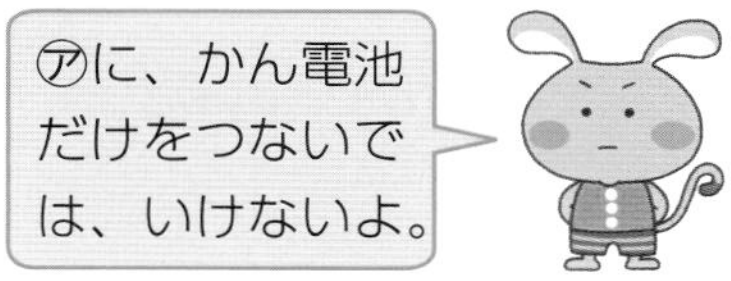

㋐に、かん電池だけをつないでは、いけないよ。

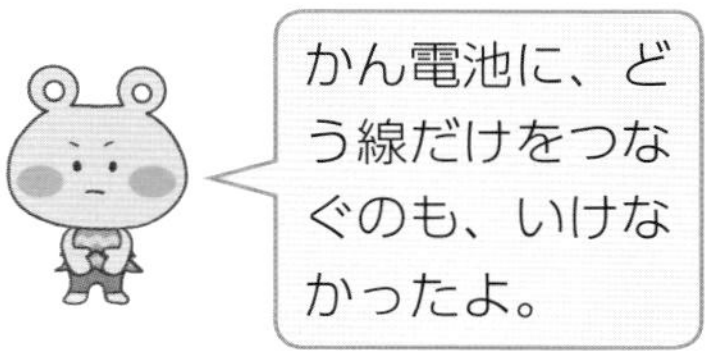

かん電池に、どう線だけをつなぐのも、いけなかったよ。

(1) 回路を流れる電流の大きさを調べる、上の図の㋐の器具（きぐ）を何といいますか。
（　　　　）

[作図] (2) スイッチを入れて電流の大きさをはかるためには、㋐をどのようにつなぎますか。上の図にどう線をかき入れましょう。

(3) どう線をつないだ後、スイッチを入れないとき、㋐のはりは、どの目もりをさしていますか。目もりの数字をかきましょう。（　　　　）

(4) どう線をつないだ後、スイッチを入れると、モーターが回り、㋐のはりが右にふれました。このとき、電流はどの方向に流れていますか。次のア、イから選びましょう。（　　　　）

ア ㋐からモーターの方向に流れる。　イ ㋐からスイッチの方向に流れる。

(5) 次に、同じ回路のままで、かん電池の＋極と－極の向きを変えました。

① スイッチを入れると、モーターはどうなりますか。次のア～ウから選びましょう。（　　　　）

ア 同じ向きに回る。　イ 反対向きに回る。　ウ 回らない。

② スイッチを入れると、㋐のはりは右か左のどちらにふれますか。
（　　　　）

(6) (5)のとき、かん電池の向きを変える前とくらべて㋐のはりのさす目もりの大きさはどうなりますか。正しいものに○をつけましょう。

①（　　　）大きくなる。
②（　　　）小さくなる。
③（　　　）同じ。

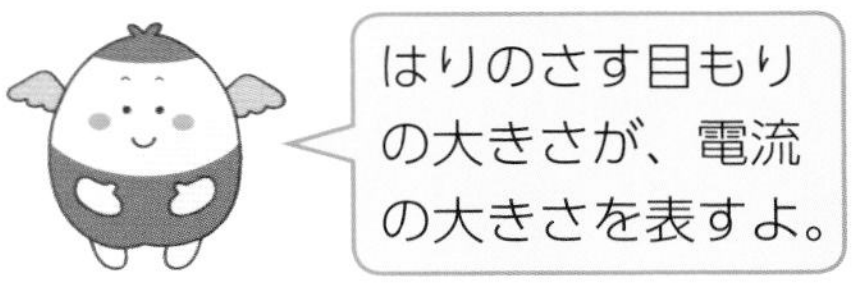

はりのさす目もりの大きさが、電流の大きさを表すよ。

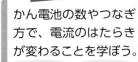

もくひょう

かん電池の数やつなぎ方で、電流のはたらきが変わることを学ぼう。

おわったら
シールを
はろう

2　かん電池のつなぎ方

きほんのワーク

教科書　42、43〜49ページ　答え　5ページ

図を見て、あとの問いに答えましょう。

① かん電池のつなぎ方

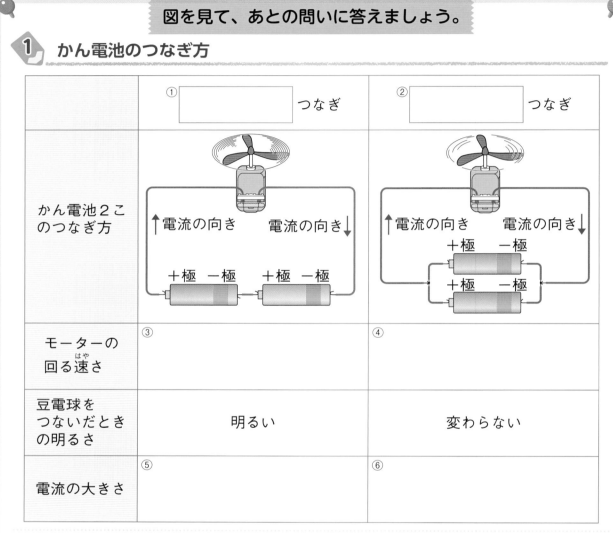

	① ⬚ つなぎ	② ⬚ つなぎ
かん電池2このつなぎ方	↑電流の向き　電流の向き↓　＋極 −極　＋極 −極	↑電流の向き　電流の向き↓　＋極 −極　＋極 −極
モーターの回る速さ	③	④
豆電球をつないだときの明るさ	明るい	変わらない
電流の大きさ	⑤	⑥

(1)　①、②の ⬚ に当てはまる言葉をかきましょう。

(2)　かん電池１このときとくらべて、モーターの回る速さ、電流の大きさはどうなっていますか。下の〔 〕から選んで、表の③〜⑥にかきましょう。同じ言葉を何回選んでもかまいません。

〔　速い　おそい　大きい　小さい　変わらない　〕

まとめ　〔　大きく　変わらない　〕から選んで（　）にかきましょう。

● かん電池１このときとくらべて、かん電池２こを直列つなぎにすると電流の大きさは
①（　　　　　　　　）なり、へい列つなぎにすると電流の大きさは②（　　　　　　　　　　）。

18　**はってん**　＜へい列つなぎの特長＞かん電池をへい列につなぐと、かん電池１こや直列つなぎのときよりも、かん電池のはたらき続ける時間が長くなります。

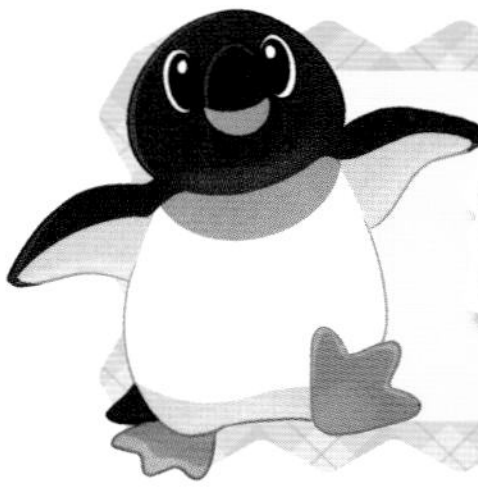

練習のワーク

できた数　　/11問中

おわったら シールを はろう

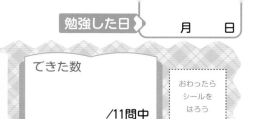

教科書 42、43～49ページ　答え 5ページ

図・1 次の表の㋐～㋓に、当てはまる電気用図記号をかき入れましょう。

	かん電池	モーター	豆電球	スイッチ
器具	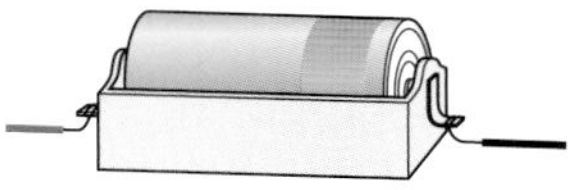	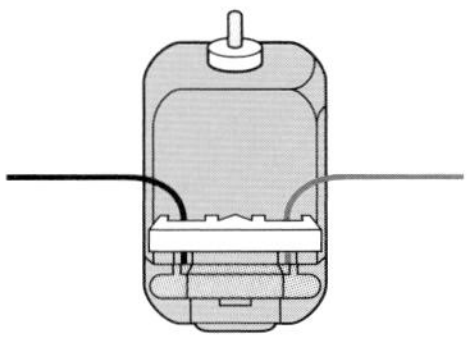		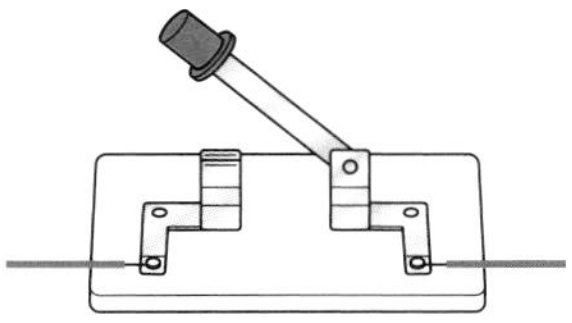
電気用図記号	㋐	㋑	㋒	㋓

2 右の図の㋐～㋓のような回路をつくり、モーターの回り方をくらべました。次の問いに答えましょう。

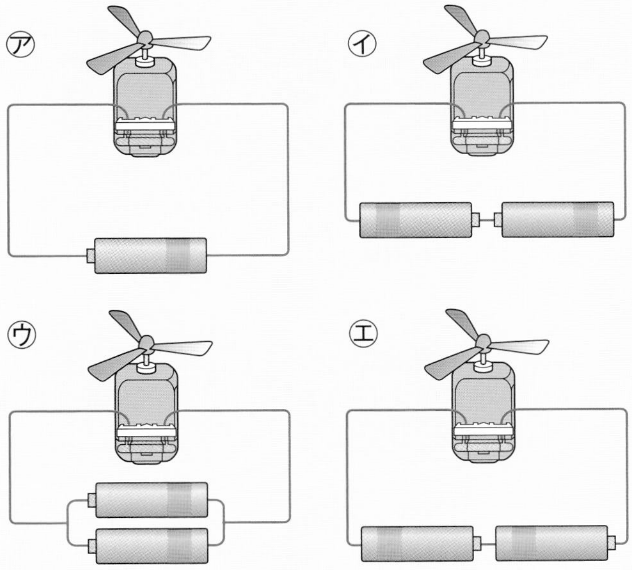

(1) モーターが回らないのは、㋑～㋓のどれですか。（　　　）

(2) ㋐と同じ向きにモーターが回るものは、㋑～㋓のどれですか。（　　　）

(3) ㋐と同じぐらいの速さでモーターが回るものは、㋑～㋓のどれですか。（　　　）

(4) ㋐よりも、モーターが速く回るものは、㋑～㋓のどれですか。また、速く回るのは、何が大きくなるからですか。　記号（　　　）　大きくなるもの（　　　）

(5) ㋒と㋓のかん電池のつなぎ方を、それぞれ何といいますか。

㋒（　　　）　㋓（　　　）

まとめのテスト

4　電流のはたらき

とく点

/100点

1 **かん電池のつなぎ方** かん電池とモーターを、次の図の㋐〜㋒のようにつなぎました。あとの問いに答えましょう。　　　　　　　　　　　　　　　1つ4〔24点〕

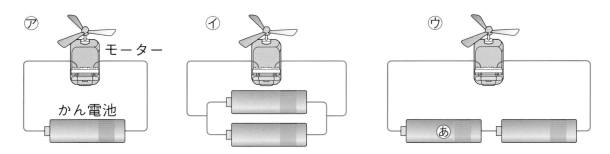

(1)　㋐〜㋒のうち、モーターがいちばん速く回るのは、どれですか。　（　　　）

(2)　㋐のモーターと同じ速さで回るのは、㋑、㋒のどちらですか。　（　　　）

(3)　㋒で、㋐のかん電池だけ向きを反対にしてつなぐと、モーターは回りますか。

（　　　　　）

(4)　㋐〜㋒のうち、回路に流れる電流がいちばん大きいのは、どれですか。

（　　　　　）

(5)　㋑と㋒のかん電池のつなぎ方を、それぞれ何といいますか。

㋑（　　　　　　　　　）　㋒（　　　　　　　　　）

2 **けん流計の使い方** かん電池とモーターをけん流計につないだ回路をつくりました。次の問いに答えましょう。　　　　　　　　　　　　　　1つ5〔20点〕

(1)　次の①〜③のうち、けん流計を正しくつないでいるもの2つに○をつけましょう。

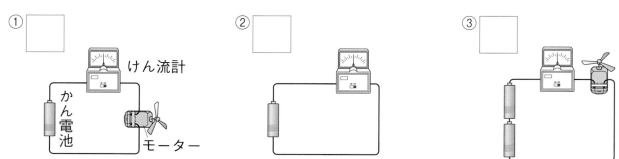

(2)　けん流計のはりのふれる向きとはりのさす目もりから、それぞれ何を調べることができますか。　　　　　　　　はりのふれる向き（　　　　　　　　　）

はりのさす目もり（　　　　　　　　　）

電気の流れと電気自動車 　次の図のような、かん電池で動く電気自動車をつくりました。あとの問いに答えましょう。

1つ8〔56点〕

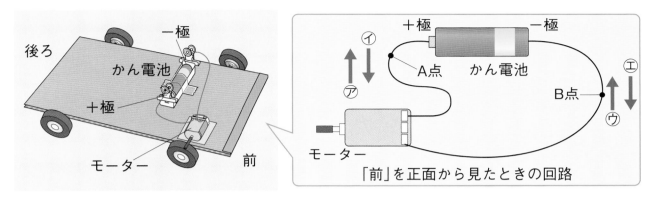

「前」を正面から見たときの回路

(1) 電気の流れを何といいますか。　　　　　　　　　　（　　　　　　　　　）

(2) A点、B点での電気の流れる向きは、それぞれ、㋐・㋑、㋒・㋓のどちらですか。　　　　　　　　　　　　　　　　　　A点（　　　　） B点（　　　　）

作図 (3) この自動車の回路図を、下の電気用図記号を使って右の□に表しましょう。

	かん電池	モーター
電気用図記号	＋極 ─┤├─ －極	Ⓜ

述 (4) かん電池の向きを反対にすると、自動車はどうなりますか。

（　　　　　　　　　　　　　　　　　　　　　　　　　　　　　）

作図・ (5) 自動車をもっと速く走らせるために、かん電池を2こ使った回路をつくりましたが、かん電池1このときと速さはほとんど変わりませんでした。

　① このとき、どう線をどのようにつないだと考えられますか。下の図にどう線をかき入れましょう。

　② どう線をどのようにつなぐと、自動車はかん電池が1このときよりも速く走りますか。下の図にどう線をかき入れましょう。

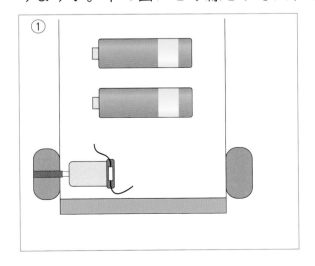

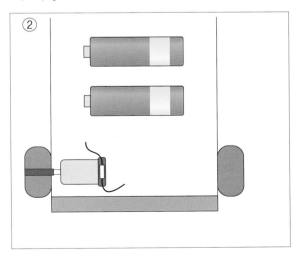

1　雨水の流れ方
2　水のしみこみ方

勉強した日　月　日

もくひょう
雨水の流れ方や、水の地面へのしみこみ方について学ぼう。

おわったら
シールを
はろう

教科書　50〜61ページ　答え　7ページ

図を見て、あとの問いに答えましょう。

1　地面のかたむき

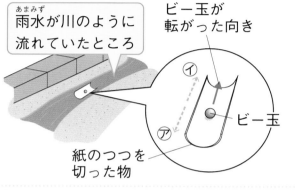

あまみず
雨水が川のように流れていたところ

ビー玉が転がった向き

ビー玉

紙のつつを切った物

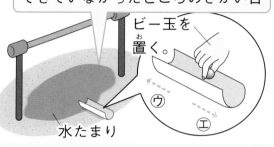

水たまりができていたところとできていなかったところのさかい目

ビー玉を置く。
お

水たまり

(1)　㋐、㋑のうち、地面が低くなっている方に向かう矢印をなぞりましょう。

(2)　㋒、㋓のうち、ビー玉が転がる向きの矢印をなぞりましょう。

2　水のしみこみ方

土やすなの水のしみこみ方をくらべる

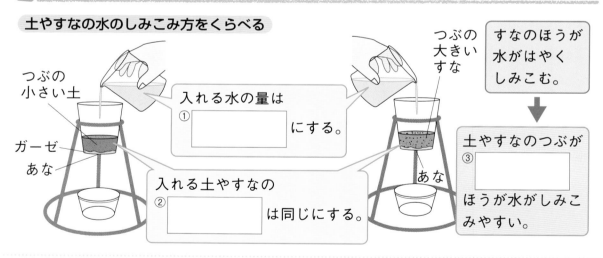

つぶの小さい土

ガーゼ
あな

入れる水の量は
①□□□□　　　にする。

入れる土やすなの
②□□□□　　　は同じにする。

つぶの大きいすな

あな

すなのほうが水がはやくしみこむ。

土やすなのつぶが
③□□□□
ほうが水がしみこみやすい。

● ①〜③の□□□に当てはまる言葉を、下の〔　〕から選んでかきましょう。
〔　大きい　小さい　同じ　体積　色　〕
たいせき

まとめ　〔　高い　低い　大きさ　〕から選んで（　）にかきましょう。

● 雨水は、①（　　　　　　）ところから②（　　　　　　）ところに向かって流れる。
● 土やすなのつぶの③（　　　　　　）によって、水のしみこみ方がちがう。

わくわくたんてい団

駅のホームは、ホームに水がたまらないように、ホーム側が高く、線路側が低くなっています。車いすやベビーカーなどが線路側に動くことがあるので気をつけましょう。

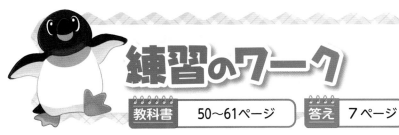

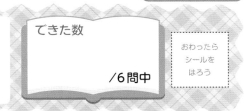

勉強した日　　月　　日

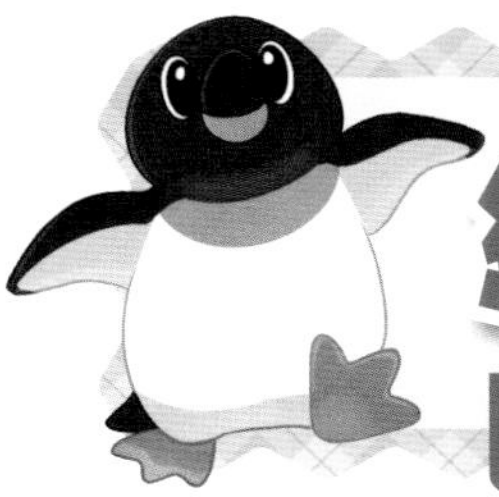

練習のワーク

教科書　50〜61ページ　　答え　7ページ

できた数　／6問中　　おわったらシールをはろう

1　**右の図のように、雨水が流れていたところで、地面のかたむきを調べました。次の問いに答えましょう。**

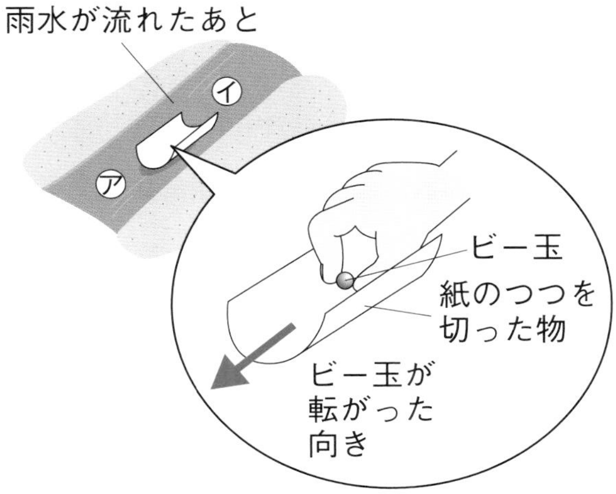

雨水が流れたあと
㋑
㋐
ビー玉
紙のつつを切った物
ビー玉が転がった向き

(1)　地面の高さについて、正しいものに○をつけましょう。

①(　　　)㋐の側（がわ）の地面は㋑の側よりも高い。

②(　　　)㋐の側の地面は㋑の側よりも低い。

③(　　　)㋐の側の地面と㋑の側の地面の高さは同じである。

(2)　雨水は、㋐から㋑、㋑から㋐のどちらの向きに流れていましたか。

(　　　　　　)

(3)　雨水が流れていたところの先をたどっていくと、水たまりがありました。水たまりについてかいた、次の文の(　)に当てはまる言葉をかきましょう。

雨水は、高いところから①(　　　　　)ところへ流れるので、水たまりは、まわりより②(　　　　　)ところに雨水が集まってできる。

2　**次の図のように、つぶの小さい土とつぶの大きい土を使って、水のしみこみ方のちがいを調べました。表はその結果（けっか）を表しています。あとの問いに答えましょう。**

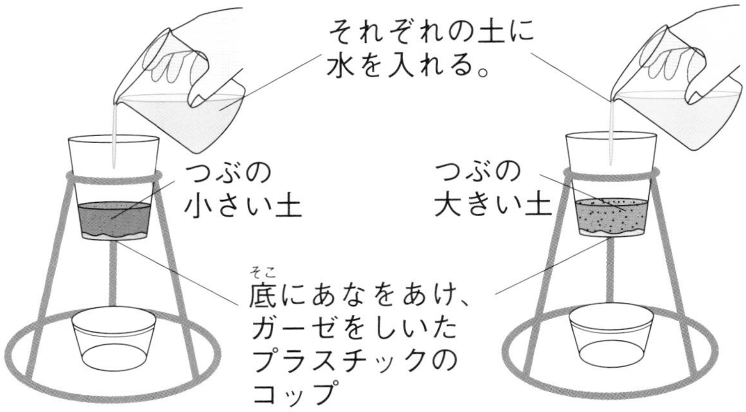

それぞれの土に水を入れる。
つぶの小さい土
つぶの大きい土
底（そこ）にあなをあけ、ガーゼをしいたプラスチックのコップ

調べた物	水がすべてしみこむまでの時間
㋐	5分20秒
㋑	3分30秒

(1)　つぶの小さい土に水を入れたときの結果は、㋐、㋑のどちらですか。

(　　　　)

(2)　この実験（じっけん）から、水のしみこみ方は、土の何によってちがうことがわかりますか。

(　　　　　　)

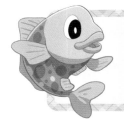

まとめのテスト

5　雨水のゆくえと地面のようす

とく点　/100点

おわったらシールをはろう

教科書　50～61ページ　答え　7ページ

時間 20分

1 **雨水の流れ方** **右の図のような紙のつつを切った物とビー玉を使って、水が流れていたところの地面のかたむきを調べます。次の問いに答えましょう。**　1つ10〔40点〕

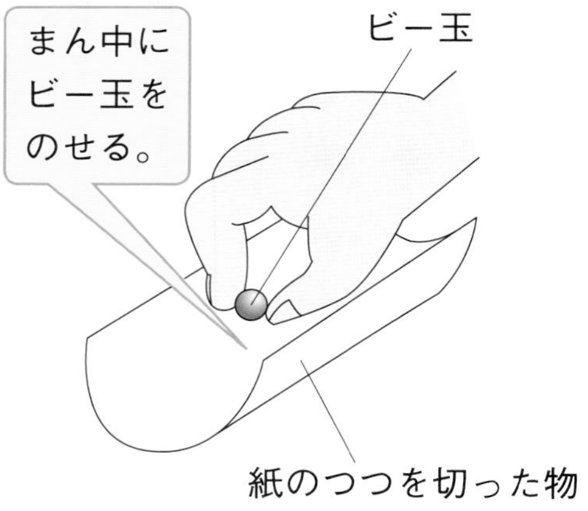

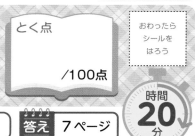

(1)　紙のつつを切った物を地面のかたむきを調べたいところに置き、ビー玉をのせます。置いたところにかたむきがあると、ビー玉はどのようになりますか。正しいほうに○をつけましょう。

①(　　　)ビー玉は地面の高い方に転がっていく。

②(　　　)ビー玉は地面の低い方に転がっていく。

(2)　下の図の㋐、㋑のように、紙のつつを切った物を置きました。㋐、㋑のまん中にビー玉を置くと、ビー玉はそれぞれ、[あ]・[い]、[う]・[え]のどちらに向かって転がっていきますか。

㋐(　　　　)　㋑(　　　　)

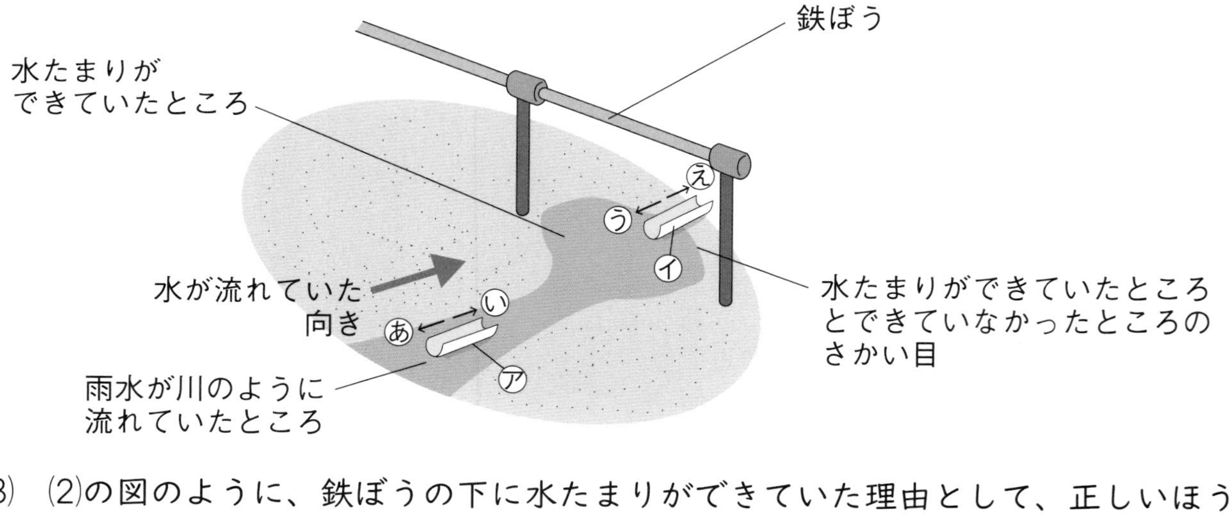

(3)　(2)の図のように、鉄ぼうの下に水たまりができていた理由として、正しいほうに○をつけましょう。

①(　　　)鉄ぼうの下は土がもり上がっていて、水たまりができていたところの地面がまわりの地面よりも高くなっているから。

②(　　　)鉄ぼうの下は土がけずられていて、水たまりができていたところの地面がまわりの地面よりも低くなっているから。

2 [水のしみこみ方] 次の図のように、つぶの大きなすな場のすなと、つぶの小さな校庭の土を使って水のしみこみ方のちがいを調べました。あとの問いに答えましょう。

1つ12〔60点〕

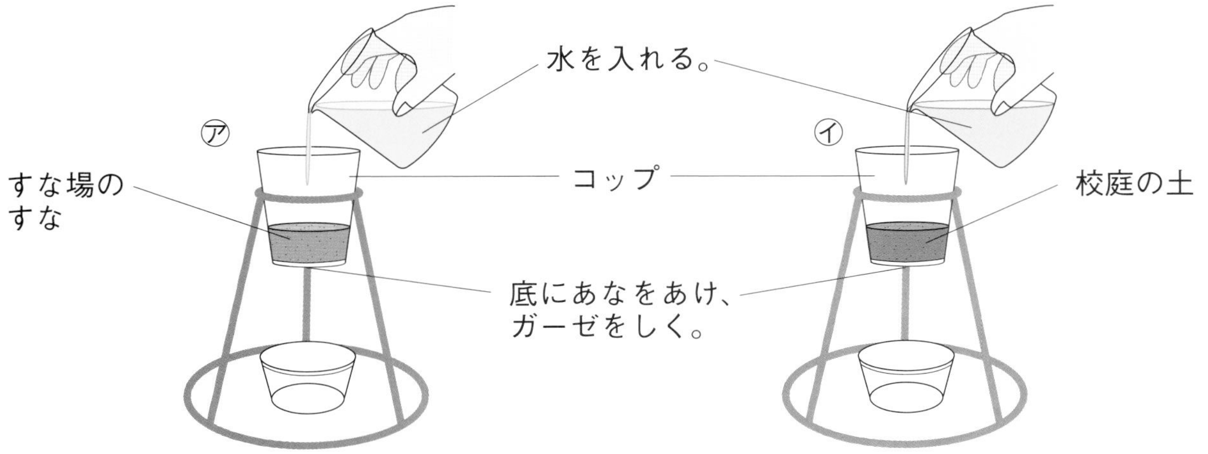

(1) 水のしみこみ方のちがいを正しく調べるには、コップに入れるすなや土の体積や、水の量をどのようにすればよいですか。正しいもの2つに○をつけましょう。

①(　　) ㋐のコップに入れるすなの体積を、㋑のコップに入れる土の体積の2倍にする。

②(　　) ㋐のコップに入れるすなの体積を、㋑のコップに入れる土の体積の半分にする。

③(　　) ㋐のコップに入れるすなの体積と、㋑のコップに入れる土の体積を同じにする。

④(　　) ㋐のコップに入れる水の量よりも、㋑のコップに入れる水の量を多くする。

⑤(　　) ㋐のコップに入れる水の量と、㋑のコップに入れる水の量を同じにする。

(2) 右の表は、この実験を正しく行った結果です。水がしみこみやすいのは、すな場のすな、校庭の土のどちらですか。

(　　　　)

調べた物	水がすべてしみこむまでにかかった時間
すな場のすな（つぶが大きい）	3分20秒
校庭の土（つぶが小さい）	5分10秒

[記述] (3) この実験の結果から、つぶの大きさと水のしみこみやすさについて、どのような関係があると考えられますか。

(　　　　)

(4) この実験の結果から、水たまりができにくいのは、すな場と校庭のどちらだと考えられますか。

(　　　　)

1　植物のようす

もくひょう

植物がどのように成長し、変わってきたのかかくにんしよう。

おわったらシールをはろう

きほんのワーク

教科書　62〜64ページ　　答え　8ページ

図を見て、あとの問いに答えましょう。

①　夏のサクラ

春のようす

夏のようす

葉が
① (たくさん / 少しだけ)
出ている。

新しくのびたえだは緑色。

葉の緑色は
② (こく / うすく)
なっている。

● ①、②の（　）のうち、正しいほうを◯でかこみましょう。

②　夏のヘチマ

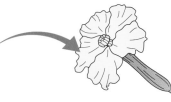

くきが
① _____。

葉が② _____なる。

③ _____色の
花がさく。

● ①〜③の ____ に当てはまる言葉を、下の〔　〕から選んでかきましょう。
〔　よくのびる　　あまりのびない　　多く　　少なく　　白　　黄　〕

まとめ　〔　成長（せいちょう）　暑くなる　〕から選んで（　）にかきましょう。

・①（　　　　　　　　　）と、植物は、えだやくきがよくのびる。また、葉がふえ、よく
　②（　　　　　　　　　）する。

わくわくたんてい団　たくさんの植物が、春から夏にかけて花をさかせます。しかし、コスモスのように、秋に花をさかせる植物や、サザンカのように、寒くなってくると花をさかせる植物もあります。

練習のワーク

できた数

／9問中

おわったら
シールを
はろう

1 右のグラフは、春の気温と、夏の気温をくらべたものです。次の問いに答えましょう。

(1) 夏の気温を表しているのは、㋐、㋑のどちらですか。 （　　　）

(2) 春と夏の気温をくらべると、どちらが高いですか。 （　　　）

(3) ㋑の23日の気温は何度ですか。 （　　　）

㋐
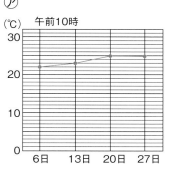

㋑
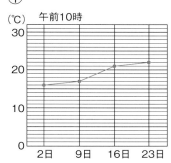

2 サクラのようすを、春と夏でくらべました。あとの問いに答えましょう。

㋐

㋑

春のようすを
思い出そう。

(1) 夏のころのサクラのようすを表しているのは、㋐、㋑のどちらですか。
（　　　）

(2) ㋑で、新しくのびたえだの色は、何色ですか。 （　　　）

3 右の写真は、ツルレイシの7月ごろのようすです。次の問いに答えましょう。

(1) ㋐は、ツルレイシの何ですか。 （　　　）

(2) 春のころにくらべて、ツルレイシの葉やくきはどうなっていますか。正しいものに〇をつけましょう。

①（　　　）葉は大きくなり、数もふえ、くきものびた。

②（　　　）葉の大きさと数は変わらず、くきはのびた。

③（　　　）葉は大きくなったが、くきはのびなかった。

(3) ツルレイシは、春のころにくらべて、成長したといえますか。 （　　　）

(4) (3)のようになったのは、春のころにくらべて、気温が高くなったからですか、低くなったからですか。 （　　　）

2　動物のようす
3　記録の整理

きほんのワーク

もくひょう

暑くなり、動物のようすがどのように変わったかかくにんしよう。

おわったらシールをはろう

教科書　65〜69ページ　　答え　8ページ

図を見て、あとの問いに答えましょう。

1 夏の動物のようす

オオカマキリ

ヒキガエル

よう虫のからだが①_____なっている。

水中から陸（りく）へ上がる。

ツバメ

親鳥がひなに②_____をあたえている。

暑くなると、動物は③_____に活動する。また、見られる数が④_____。

（1）　オオカマキリのよう虫のからだの大きさは、春とくらべてどうなっていますか。①の□にかきましょう。

（2）　ツバメの親鳥は、ひな（子ども）に何をあたえていますか。②の□にかきましょう。

（3）　暑くなると、動物の活動はどうなりますか。また、見られる動物の数はふえますか、へりますか。③、④の□にかきましょう。

まとめ　〔　ふえる　さかん　〕から選んで（　）にかきましょう。

●暑くなると、春のころよりも動物の活動が①（　　　　　　）になり、見られる数も
　②（　　　　　　）。

わくわくたんてい団　暑くなってくると、おたまじゃくしにあしがはえてきて、しっぽがしだいに短くなり、カエルのすがたになります。このころ、水中から陸に上がって生活するようになります。

勉強した日　月　日

練習のワーク

[教科書] 65～69ページ　[答え] 8ページ

できた数　/12問中

おわったらシールをはろう

1 **右の図は、夏のころのセミのようすです。次の問いに答えましょう。**

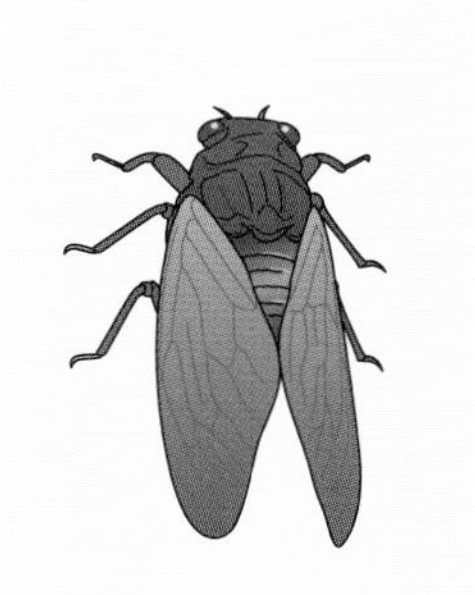

(1) セミのよう虫は、どこで育ちますか。(　　　　)

(2) 暑くなってくると、いろいろなセミが鳴くようになります。次の①～③の鳴き声は、どのセミのものと考えられますか。下のア～ウから選びましょう。

①ミーンミンミンミンミー　(　　)

②ジージリ　(　　)

③シャアシャア　(　　)

〔 ア　アブラゼミ　　イ　ミンミンゼミ　　ウ　クマゼミ 〕

(3) 次の文の(　)に当てはまる言葉を下の〔　〕から選んでかきましょう。

セミのよう虫は、①(　　　　)なると、地上へ出てきて②(　　　　)になる。

〔 暑く　　寒く　　さなぎ　　成虫 〕

2 **次の図について、あとの問いに答えましょう。**

㋐

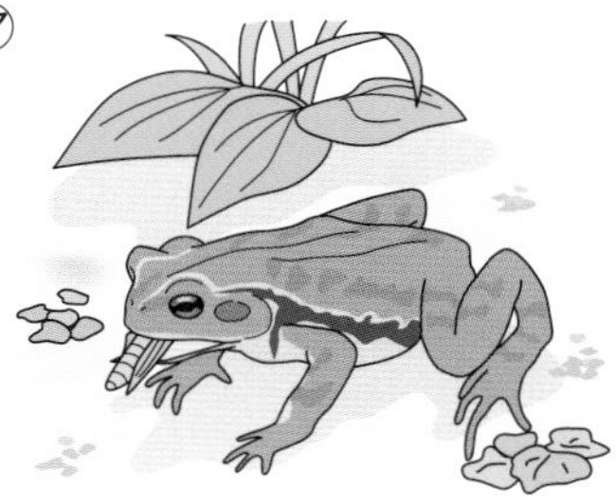

㋑

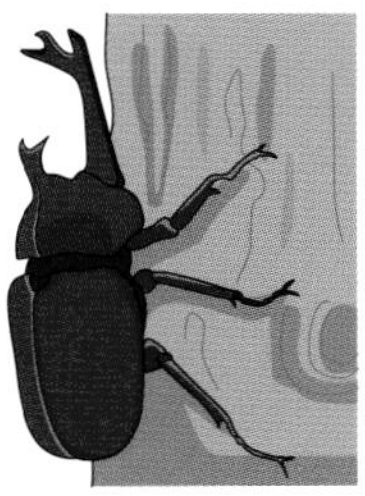

㋒

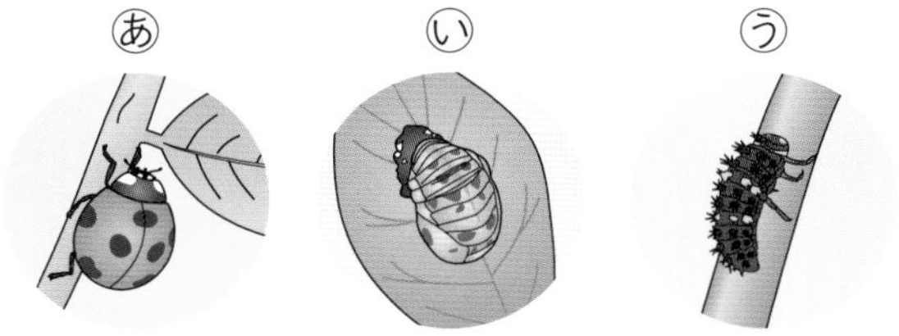

(1) ㋐～㋒の動物の名前を、それぞれ下の〔　〕から選んでかきましょう。

㋐(　　　　)　㋑(　　　　)

㋒(　　　　)

〔 ナナホシテントウ　　アゲハ　　カブトムシ　　ヒキガエル 〕

(2) ㋒の[あ]～[う]を、[あ]を終わりとして、成長する順(じゅん)にならべましょう。

(　　　→　　　→[あ])

(3) 夏になると、動物はよく成長しますか、あまり成長しませんか。

(　　　　)

(4) 夏になると、動物の活動は、さかんになりますか、にぶくなりますか。

(　　　　)

勉強した日 月 日

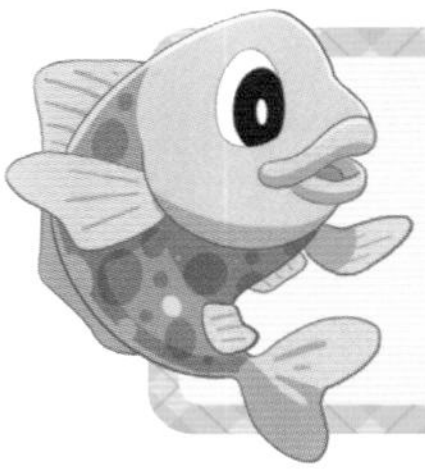

まとめのテスト

暑くなると

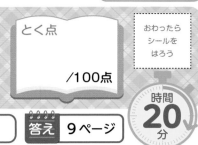

とく点 /100点

おわったら シールを はろう

時間 20分

教科書 62～69ページ　答え 9ページ

1 [ヘチマの育ち方] 次の表は、ヘチマのくきの長さと葉の数を調べたものです。あとの問いに答えましょう。　1つ8〔56点〕

調べた日	6月1日	6月8日	6月15日	6月22日	6月29日
気温	19℃	21℃	20℃	23℃	25℃
くきの長さ	20cm	25cm	35cm	55cm	100cm
葉の数	10まい	12まい	16まい	25まい	36まい

(1) 次の①～④の間に、くきはそれぞれ何cmのびていますか。

①6月1日から6月8日まで　(　　　)

②6月8日から6月15日まで　(　　　)

③6月15日から6月22日まで　(　　　)

④6月22日から6月29日まで　(　　　)

[作図] (2) 上の表をもとに下の㋐のグラフを完成させましょう。

[作図] (3) (1)をもとに下の㋑のグラフを完成させましょう。

㋐ 6月の気温の変わり方

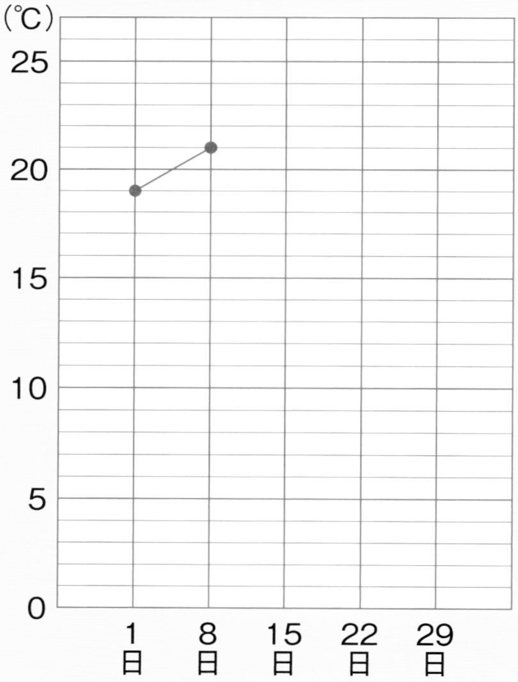

㋑ 6月のくきののび方

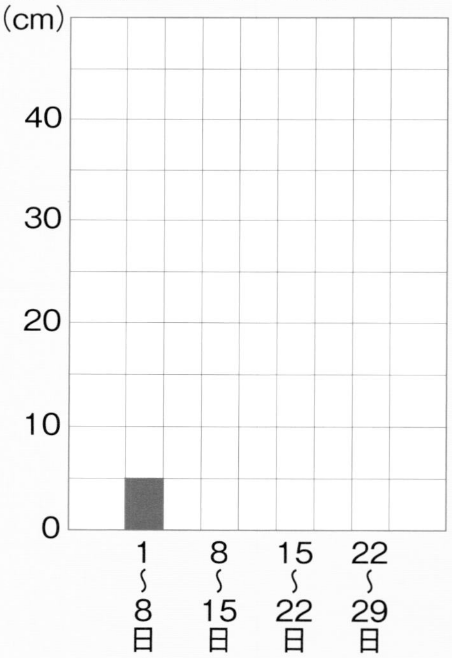

[記述] (4) 気温が高くなると、くきののびや葉の数はどうなりますか。

(　　　　　　　　　　)

2 ツバメの夏のようす　右の図は、暑くなってきたころのツバメのようすです。次の問いに答えましょう。

1つ6〔24点〕

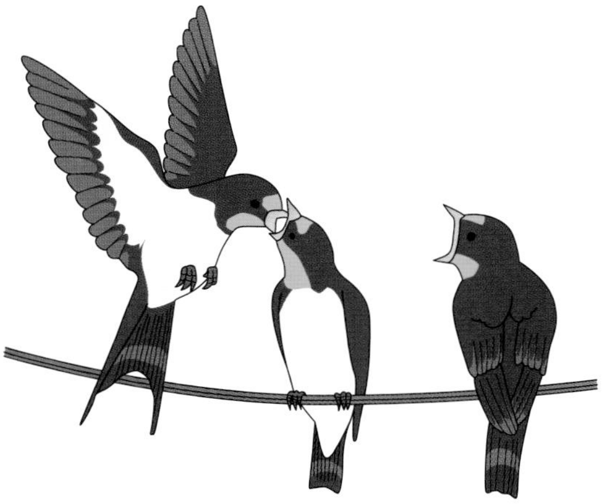

(1)　次の文の(　)に当てはまる言葉を、下の〔　〕から選んでかきましょう。

大きく成長した①(　　　　　)に、②(　　　　　)が③(　　　　　)をあたえている。

〔　親鳥　　木のえだ　　子ども
　　電線　　巣（す）　　食べ物　〕

(2)　次の文のうち、正しいものに○をつけましょう。

①(　　　)春にうまれたひな(子ども)は、夏のころにはもういなくなっている。

②(　　　)春にうまれたひな(子ども)は、夏のころには大きく成長している。

③(　　　)春にうまれたひな(子ども)は、夏になっても春のころとあまりようすが変わっていない。

3 こん虫の夏のようす　次の図は、夏のころのカブトムシとオオカマキリのようすです。あとの問いに答えましょう。

1つ4〔20点〕

㋐

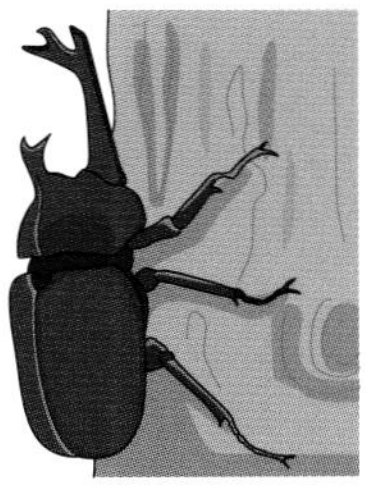

㋑

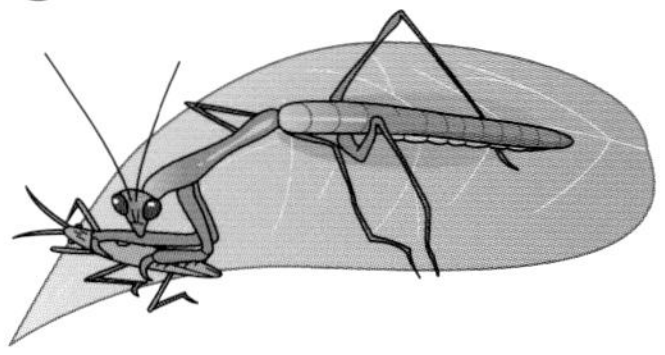

(1)　㋐、㋑のこん虫のうち、オオカマキリはどちらですか。　(　　　)

(2)　図のカブトムシは何をしていますか。正しいものに○をつけましょう。

①(　　　)木のしるをなめている。

②(　　　)花のみつをすっている。

③(　　　)ほかのこん虫を食べている。

(3)　図のオオカマキリのすがたを、何といいますか。次のア～エから選びましょう。

(　　　)

ア　たまご　　イ　よう虫　　ウ　さなぎ　　エ　成虫

(4)　オオカマキリのからだの大きさは、春のころにくらべてどのようになっていますか。

(　　　　　　　　　　)

(5)　気温が高くなると、動物の活動のようすはどうなりますか。

(　　　　　　　　　　)

夏の星

きほんのワーク

もくひょう

夏の夜に星空を観察し、星の明るさや色について学ぼう。

おわったら シールを はろう

教科書 70〜75、189ページ　答え 10ページ

図を見て、あとの問いに答えましょう。

① 星の明るさと色

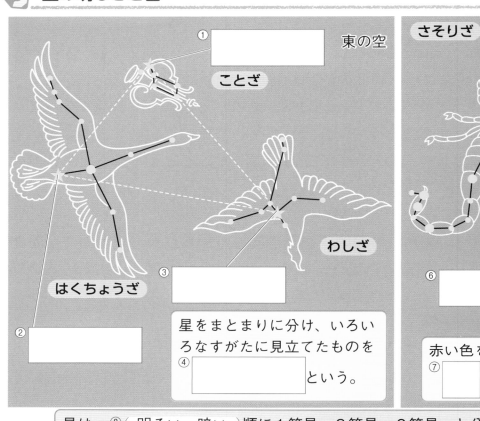

東の空

① ［　　　］
ことざ

はくちょうざ

② ［　　　］

③ ［　　　］
わしざ

星をまとまりに分け、いろいろなすがたに見立てたものを
④ ［　　　］という。

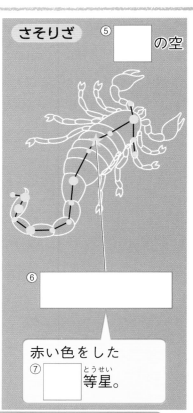

さそりざ　⑤ ［　　］の空

⑥ ［　　　］

赤い色をした
⑦ ［　］等星。

星は、⑧（　明るい　暗い　）順に1等星、2等星、3等星…と分けられる。

(1) ①〜③の星の名前を、下の〔　〕から選んで、□□□にかきましょう。

〔　アルタイル　　デネブ　　ベガ　〕

(2) ④の□□□に当てはまる言葉をかきましょう。

(3) ⑤の□□□に、さそりざが見られる方位を北か南でかきましょう。

(4) ⑥の□□□に星の名前、⑦の□□□に星の明るさをかきましょう。

(5) ⑧の（　）のうち、正しいほうを◯でかこみましょう。

まとめ　〔　星ざ　明るい　〕から選んで（　）にかきましょう。

● 星は①（　　　　　　　）順に、1等星、2等星、3等星…と分けられる。

● いくつかの星のまとまりをいろいろなものに見立てたものを②（　　　　　　　）という。

ハワイのマウナケア山にある「すばる望遠鏡」は、8.2mもの大きな鏡で光を集め、はるかかなたにある星などを観そくしています。

勉強した日　月　日

練習のワーク

教科書 70〜75、189ページ　答え 10ページ

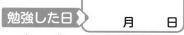

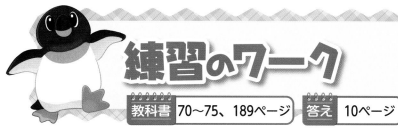

できた数　/8問中

おわったらシールをはろう

1 右の図は、星ざをさがす道具です。次の問いに答えましょう。

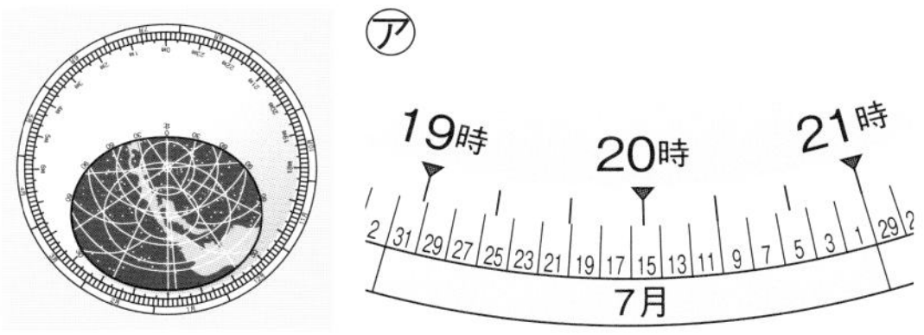

(1) この道具を何といいますか。

（　　　　　　　）

(2) 図の[ア]では、何月何日の午後８時の空を調べようとしていますか。

（　　　　　　　）

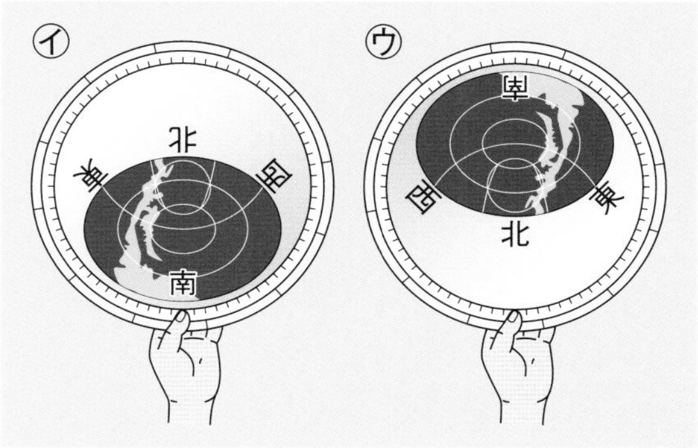

(3) 南の空の星をさがすときは、[イ]、[ウ]のどちらの持ち方が正しいですか。

（　　）

(4) 星の色や明るさについて、正しいものに○をつけましょう。

①（　　）色や明るさは、どの星もすべて同じである。

②（　　）色や明るさは、星によってちがう。

③（　　）色はどの星も同じだが、明るさは星によってちがう。

④（　　）明るさはどの星も同じだが、色は星によってちがう。

2 右の図は、北の空に見られる２つの星ざを観察したものです。次の問いに答えましょう。

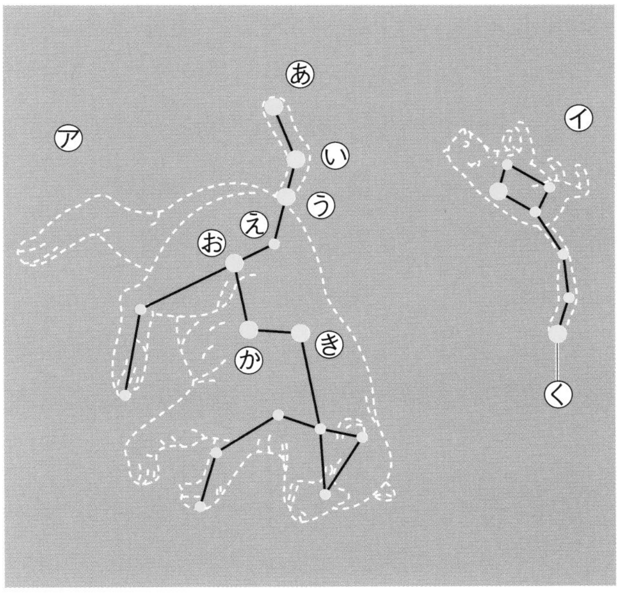

(1) [ア]は、何という星ざですか。

（　　　　　　　）

(2) [イ]は、何という星ざですか。

（　　　　　　　）

(3) [あ]〜[き]までの７つの星をまとめて、何といいますか。

（　　　　　　　）

(4) [く]の星の名前を、何といいますか。

（　　　　　　　）

夜空を見て、いろいろな星を観察してみよう。

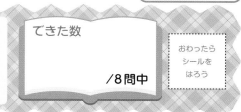

勉強した日 月 日

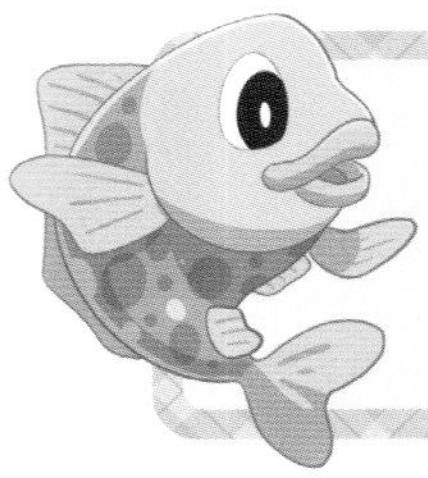

まとめのテスト

夏の星

とく点 /100点

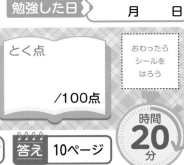

おわったらシールをはろう

時間 20分

教科書 70～75、189ページ　答え 10ページ

1 夏に見られる星　次の図は、夏の星を観察したものです。あとの問いに答えましょう。

1つ5〔60点〕

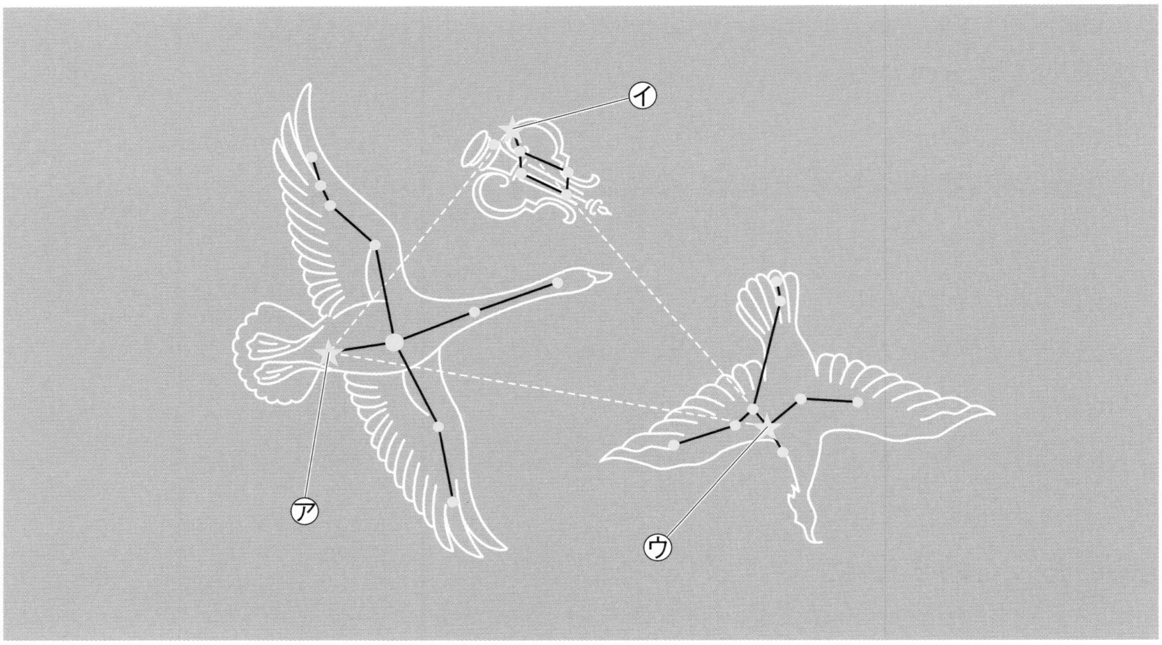

(1) ㋐、㋑、㋒の星がある星ざをそれぞれ何といいますか。

㋐(　　　　)　㋑(　　　　)　㋒(　　　　)

(2) ㋐～㋒のうち、ベガはどれですか。(　　　　)

(3) ㋐～㋒の星は何等星ですか。(　　　　)

(4) ㋐～㋒の3つの星を結(むす)んでできる三角形を何といいますか。

(　　　　)

(5) 次の文のうち、正しいものには○、まちがっているものには×をつけましょう。

①(　　)星は、明るい順に、1等星、2等星、3等星…と分けられている。

②(　　)星は、大きい順に、1等星、2等星、3等星…と分けられている。

③(　　)星の色は、どれも同じで、赤く見える。

④(　　)星の色には、ちがいがある。

⑤(　　)星ざの名前は、いろいろなもののすがたに見立ててつけられている。

(6) 右の図は、星を観察するときに使う、方位を調べる道具です。この道具を何といいますか。

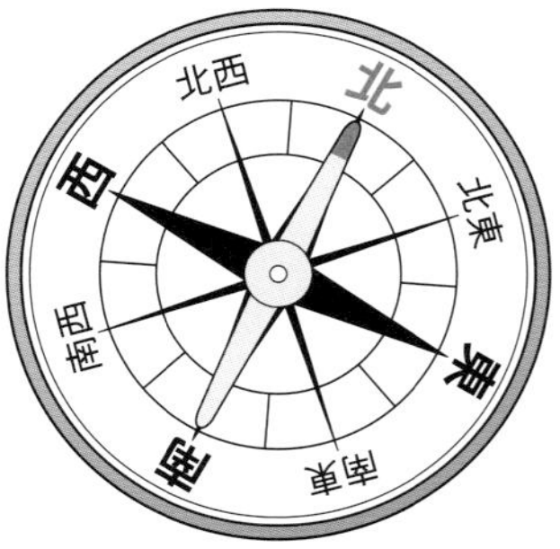

(　　　　)

2 夏の星 右の図は、夏の夜空に見られる星ざです。次の問いに答えましょう。

1つ5〔20点〕

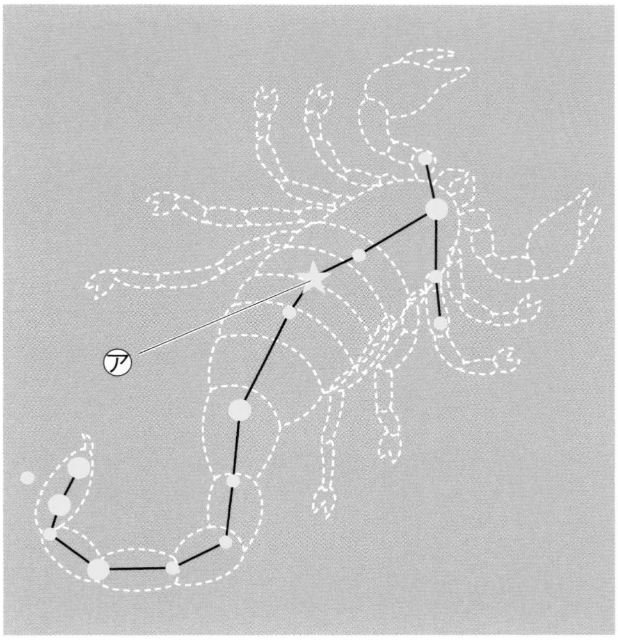

(1) この星ざの名前は、何ですか。

(　　　　　　　　)

(2) この星ざは、どこの空に見えますか。次のうち、正しいものに○をつけましょう。

①(　　　)北西の空

②(　　　)北の空

③(　　　)南の空

(3) ㋐の1等星の名前は何ですか。

(　　　　　　　　)

(4) ㋐の星の色は、何色ですか。次のうち、正しいものに○をつけましょう。

①(　　　)白色　②(　　　)赤色　③(　　　)青色

3 星の観察 右の図の㋐は、星ざ早見の目もりを観察する日の午後8時に合わせたようすです。㋑は、星ざ早見を上にかざしているところです。次の問いに答えましょう。

1つ5〔20点〕

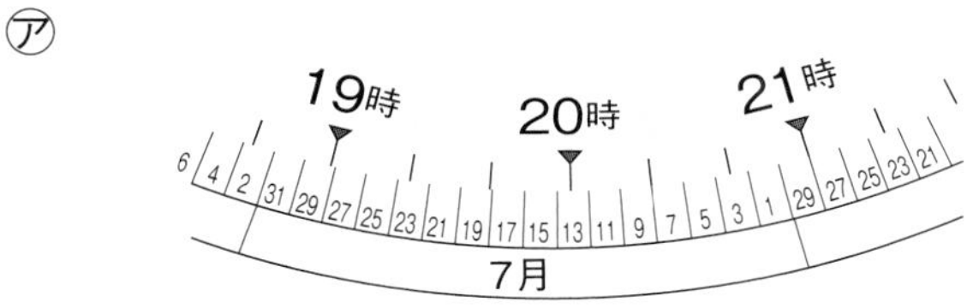

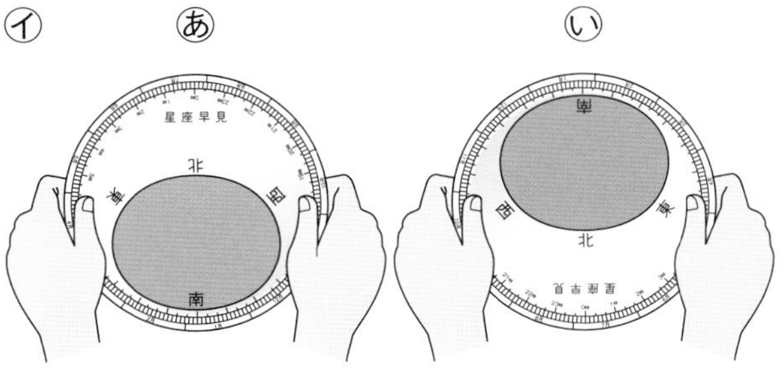

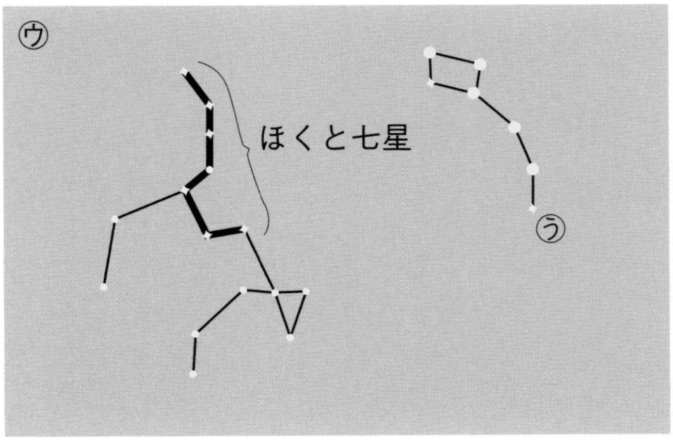

(1) 観察するのは、何月何日の午後8時の空ですか。

(　　　　　　　　)

(2) 星ざ早見を使って北の空の星を観察するとき、㋑の[あ]、[い]のうち、どちらの持ち方が正しいですか。

(　　　)

(3) 北の空では、㋒のような星や星ざが見られました。[う]はこぐまざの星です。この星を何といいますか。

(　　　　　　　　)

(4) ㋒のほくと七星は、何という星ざの中にありますか。

(　　　　　　　　)

勉強した日 〉　　月　　日

1　月の見え方

もくひょう
月を観察し、位置や形の変わり方についてかくにんしよう。

おわったら
シールを
はろう

きほんのワーク

教科書　78〜85ページ　　答え　11ページ

図を見て、あとの問いに答えましょう。

1　月の見える位置の変わり方

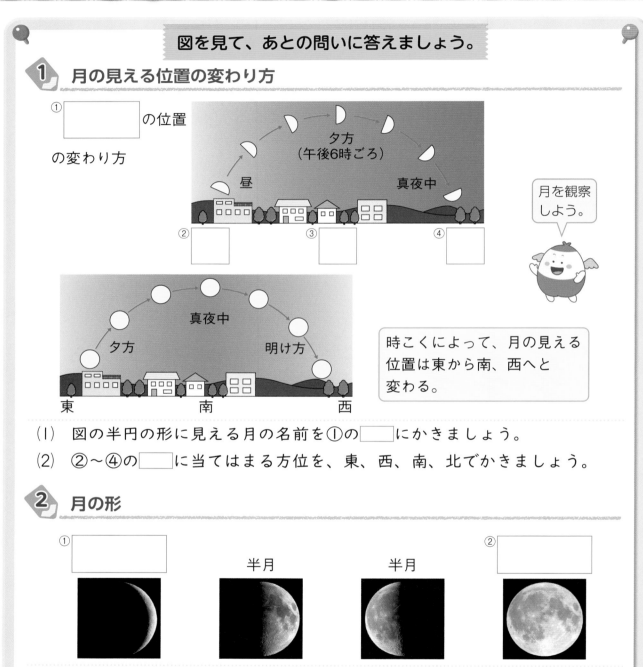

① □□□ の位置の変わり方

夕方
（午後6時ごろ）

昼

真夜中

② □　③ □　④ □

月を観察
しよう。

真夜中

夕方

明け方

東　　　南　　　西

時こくによって、月の見える位置は東から南、西へと変わる。

（1）　図の半円の形に見える月の名前を①の □ にかきましょう。

（2）　②〜④の □ に当てはまる方位を、東、西、南、北でかきましょう。

2　月の形

① □□□　　　半月　　　半月　　　② □□□

● ①、②の形の月を、何といいますか。□ にかきましょう。

まとめ　〔　東　西　同じように　変わる　〕から選んで（　）にかきましょう。

● 月の見える位置は、①（　　　　　）から南、②（　　　　　）へと変わる。月の見える形は、日によって③（　　　　　）が、どの形に見えるときも位置は④（　　　　　）変わる。

  月が東からのぼる時間や、西にしずむ時間は、新聞にものっています。新聞のこよみらんにある、月の出（月出）、月の入り（月入）というところです。月の形ものっています。

勉強した日 〉 月　日

できた数

／9問中

おわったら
シールを
はろう

教科書　78〜85ページ　答え　11ページ

1 右の図のような半月を観察しました。次の問いに答えましょう。

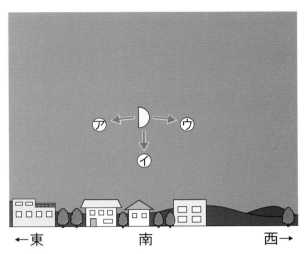

←東　　　南　　　西→

(1) 半月の見える位置はどのように変わりますか。㋐〜㋒から選びましょう。

（　　　　　）

(2) 次の文の（　）に当てはまる言葉を、下の〔　〕から選んでかきましょう。

　半月は、①（　　　　　）の空から南の方へのぼるように見える位置が変わり、その後②（　　　　　）の方へしずむように見える位置が変わっていく。

〔　東　　西　　南　　北　〕

2 次の図は、ある日の月の見える位置の変わり方を表しています。月は、真夜中に高い位置にきました。あとの問いに答えましょう。

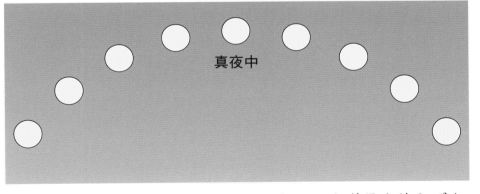

真夜中

月の形がちがっても、月の見える位置は同じような変わり方をするよ。

(1) 月が見える方位を調べるには、何という道具を使えばよいですか。

（　　　　　　　　　）

(2) 図のように、円に見える月を、何といいますか。（　　　　　　）

(3) 真夜中に図の月が見えるのは、東、南、西のどの方位ですか。（　　　　）

(4) この月の見える位置の変わり方について、次の文の（　）に当てはまる言葉を、下の〔　〕から選んでかきましょう。

　この月の見える位置は、夕方ごろ①（　　　　　）の方から出て②（　　　　　）の空高くにのぼり、その後、③（　　　　　）の方へしずむように変わる。

〔　東　　西　　南　　北　〕

2　星の見え方

星の見え方は、時間がたつとどうなるのかを学ぼう。

おわったらシールをはろう

きほんのワーク　｜教科書｜ 86～91ページ　｜答え｜ 11ページ

図を見て、あとの問いに答えましょう。

① 星の見える位置やならび方

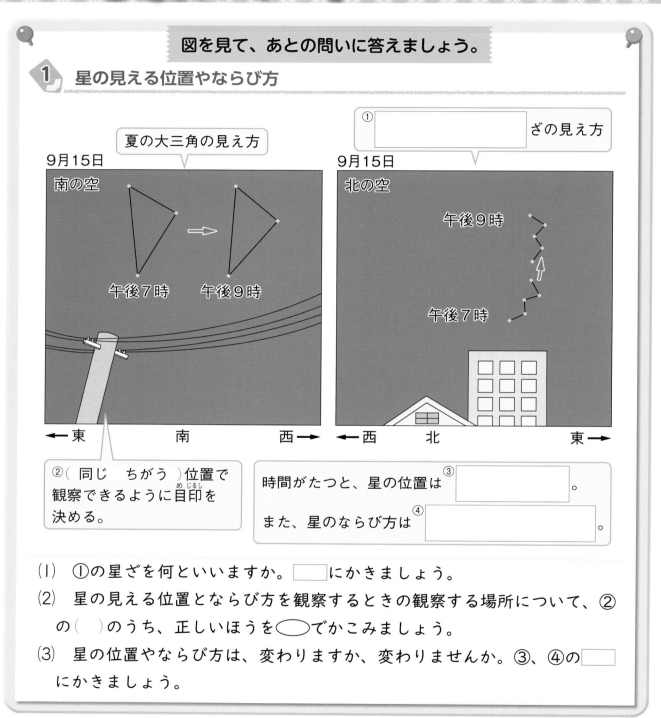

夏の大三角の見え方

9月15日

南の空

午後7時　　午後9時

←東　　南　　西→

②（ 同じ　ちがう ）位置で観察できるように目印を決める。

①〔　　　　　　　　〕ざの見え方

9月15日

北の空

午後9時

午後7時

←西　　北　　東→

時間がたつと、星の位置は③〔　　　　　　　　〕。
また、星のならび方は④〔　　　　　　　　〕。

(1)　①の星ざを何といいますか。 □ にかきましょう。

(2)　星の見える位置とならび方を観察するときの観察する場所について、②の（　）のうち、正しいほうを◯でかこみましょう。

(3)　星の位置やならび方は、変わりますか、変わりませんか。③、④の □ にかきましょう。

まとめ　〔　変わらない　変わる　〕から選んで（　）にかきましょう。

● 星や星ざの見える位置は、時間がたつと①（　　　　　　　）。
● 星や星ざのならび方は、時間がたっても②（　　　　　　　）。

わくわくたんてい団　空全体で、1等星は21こ、2等星は67こ、3等星はおよそ200こ、4等星はおよそ700こあります。そうがん鏡を使わなくても見られるのは、6等星ぐらいまでです。

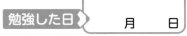

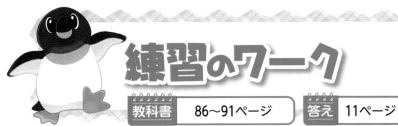

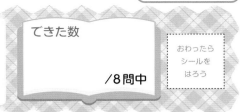

練習のワーク

教科書 86〜91ページ　答え 11ページ

できた数　/8問中　おわったらシールをはろう

1 **右の図の㋐、㋑は、それぞれ午後7時30分と午後8時30分の星ざの位置をスケッチしたものです。次の問いに答えましょう。**

(1) ㋐と㋑は、それぞれ何という星ざを観察したものですか。

㋐(　　　　　)
㋑(　　　　　)

(2) ㋐で、午後7時30分にスケッチしたのは、[あ]と[い]のどちらですか。

(　　　　　)

(3) 午後7時30分と午後8時30分で、星ざの位置は変わりますか。

(　　　　　)

(4) 午後7時30分と午後8時30分で、星のならび方は変わりますか。

(　　　　　)

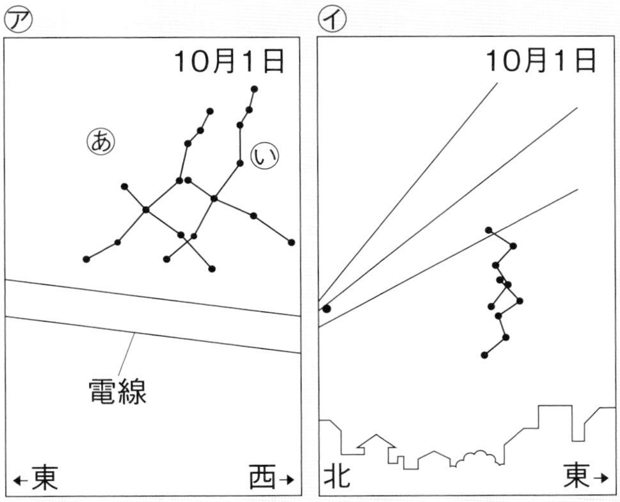

2 **右の図は、夏の夜に観測できる1等星を結んでできる三角形の午後7時と午後9時の位置を記録したものです。次の問いに答えましょう。**

(1) この三角形を、何といいますか。

(　　　　　)

(2) 午後9時の記録は[あ]、[い]のどちらですか。

(　　　　　)

(3) 右の図から、時間がたっても変わらないものは何だとわかりますか。

(　　　　　)

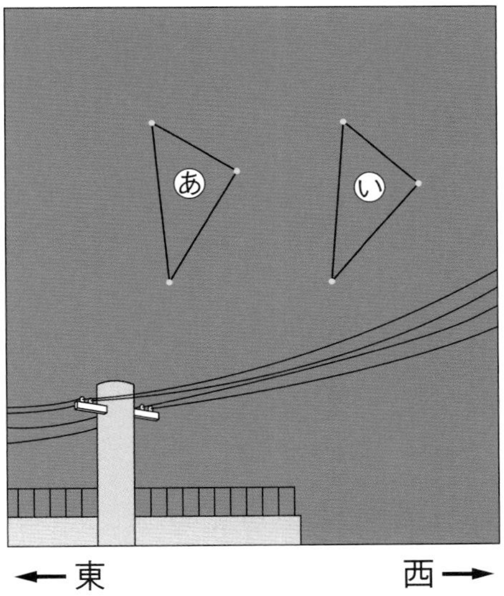

2つの時こくの観察の結果をよく見くらべてみよう。

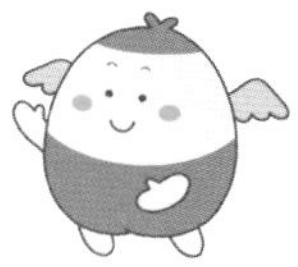

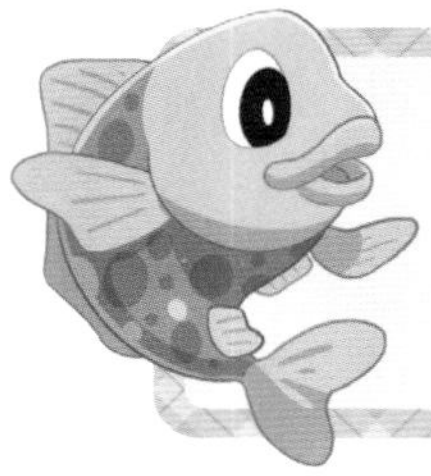

まとめのテスト

6 月や星の見え方

とく点 /100点

おわったらシールをはろう

時間 20分

教科書 78～91ページ　答え 11ページ

よく出る **1** 月の見え方 **右の図は、夕方から夜にかけて南の空に見えた月の見える位置の変わり方を記録したカードです。次の問いに答えましょう。** 1つ5〔50点〕

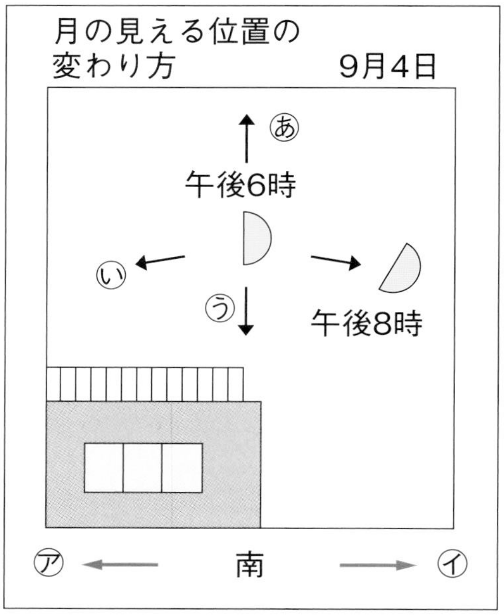

(1) 図のような形の月を、何といいますか。

（　　　　　　）

(2) 図の㋐、㋑は、東、西、南、北のうち、どの方位ですか。　㋐（　　　　）　㋑（　　　　）

(3) 図より、この月の見える位置は、午後6時から午後8時にかけて、どのように変わったといえますか。正しいものに○をつけましょう。

①（　　）東の高い方に変わった。

②（　　）東の低い方に変わった。

③（　　）西の高い方に変わった。

④（　　）西の低い方に変わった。

(4) この月は、午後4時には、図の[あ]～[う]のどの位置に見えたと考えられますか。

（　　）

(5) この月は、午後10時にはどのように見えると考えられますか。下の㋐～㋒から正しいものを選びましょう。

（　　）

㋐　㋑　㋒

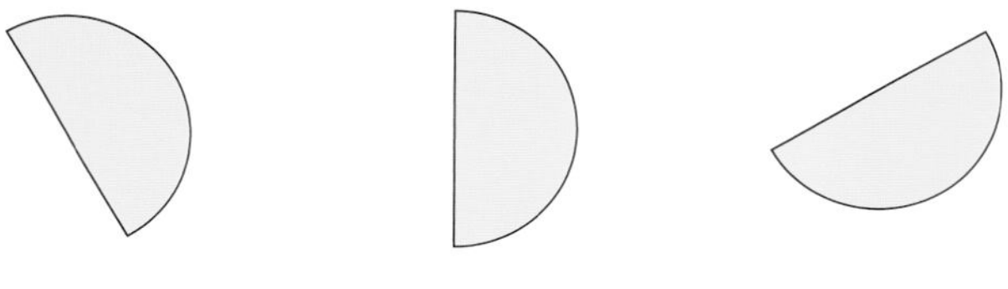

(6) 次の文は、図の月の見える位置の変わり方についてまとめたものです。（　）に当てはまる言葉を、下の〔　〕から選んでかきましょう。

この月の見える位置は、太陽と①（　　　　　　）、②（　　　　）からのぼって、③（　　　　）の空を通り、④（　　　　）へしずむように変わる。

〔 東　西　南　北　同じように　ちがって 〕

2 月の位置の記録 次の図の㋐は記録カード、㋑は方位じしんです。次の問いに答えましょう。

1つ5〔20点〕

(1) 次のうち、記録カードにかきたさなくてはいけないもの2つに○をつけましょう。

①(　　　)天気

②(　　　)時こく

③(　　　)方位

④(　　　)気温

㋐

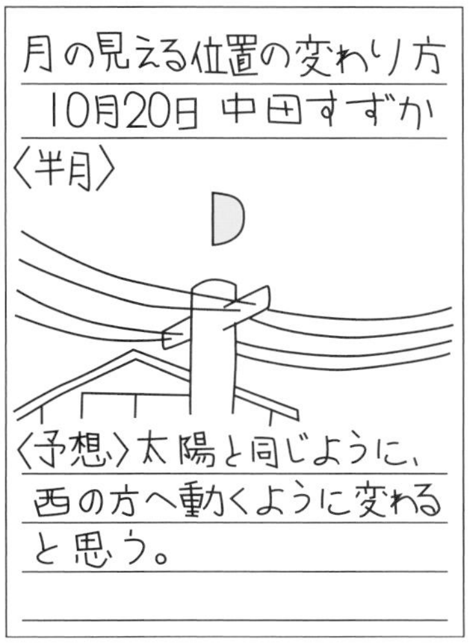

㋑

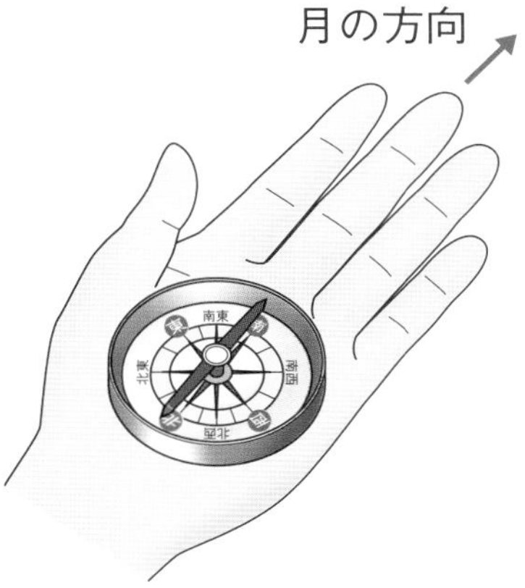

(2) 時こくを変えて月の観察をするとき、観察する場所は変えますか、変えませんか。　(　　　　　　)

(3) ㋑で、月はどの方位にありますか。　(　　　)

3 星の見え方 次の図㋐は10月1日の午後7時30分、㋑は午後8時30分に、ある星ざを観察したようすです。あとの問いに答えましょう。

1つ6〔12点〕

㋐ 午後7時30分

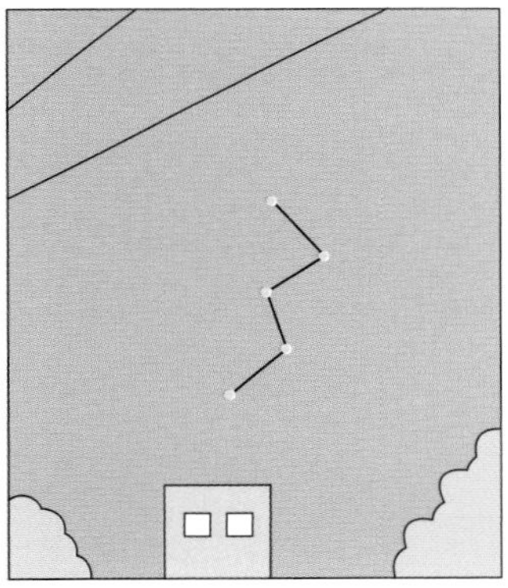

㋑ 午後8時30分

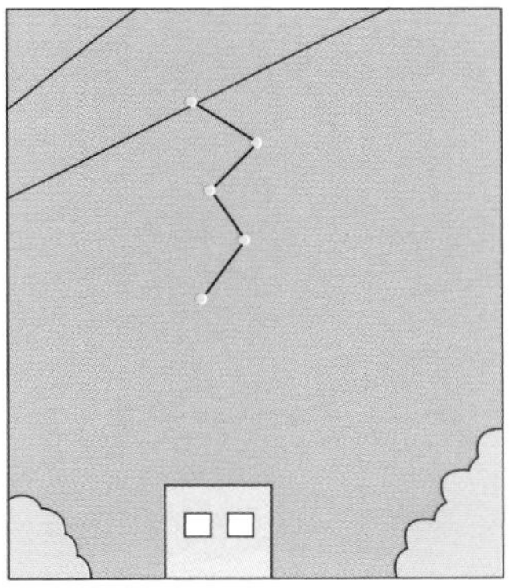

(1) この星ざの名前を、何といいますか。　(　　　　　　)

(2) 次のうち、時間がたっても変わらないものに○をつけましょう。

①(　　　)星のならび方　②(　　　)星ざの位置

4 月と星 次の文は、月や星についてかいたものです。正しいものには○、まちがっているものには×をつけましょう。

1つ6〔18点〕

①(　　　)月の見える位置は、東からのぼり、南の空を通って、西へとしずむように変わる。

②(　　　)月は、形によって見える位置の変わり方がちがう。

③(　　　)星は、時こくによって見える位置は変わるが、星のならび方は変わらない。

1　水のゆくえ
2　空気中にある水

きほんのワーク

図を見て、あとの問いに答えましょう。

1　水のゆくえ

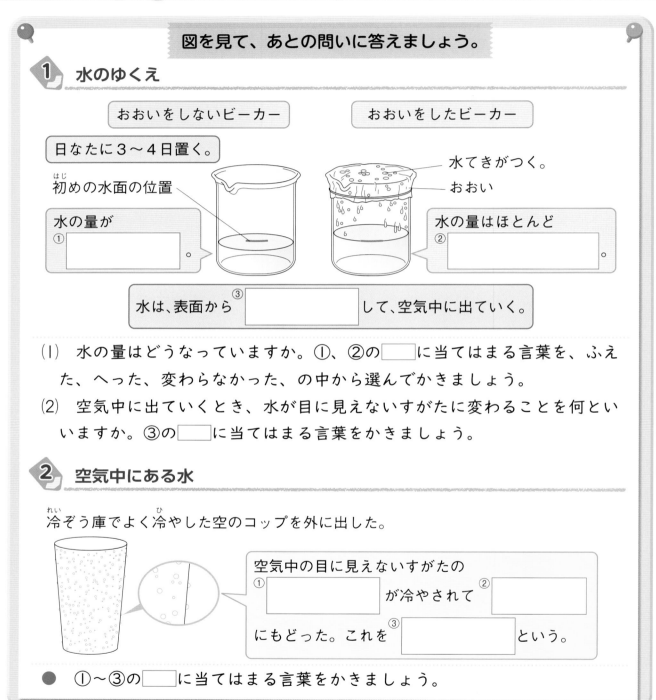

おおいをしないビーカー

おおいをしたビーカー

日なたに3〜4日置く。

初めの水面の位置

水の量が
①_____。

水てきがつく。

おおい

水の量はほとんど
②_____。

水は、表面から③_____して、空気中に出ていく。

(1)　水の量はどうなっていますか。①、②の□□□に当てはまる言葉を、ふえた、へった、変わらなかった、の中から選んでかきましょう。

(2)　空気中に出ていくとき、水が目に見えないすがたに変わることを何といいますか。③の□□□に当てはまる言葉をかきましょう。

2　空気中にある水

れい　冷ぞう庫でよく冷やした空のコップを外に出した。

空気中の目に見えないすがたの
①_____が冷やされて②_____
にもどった。これを③_____という。

● ①〜③の□□□に当てはまる言葉をかきましょう。

まとめ　〔　水　水じょう気　じょう発　〕から選んで（　）にかきましょう。

● 水は、①（　　　　　　）して目に見えない②（　　　　　　　）になったり、冷やされることで③（　　　　　　）のすがたにもどったりする。

寒いところからあたたかい部屋に入ると、めがねがくもることがあります。これは、空気中の水じょう気がめがねのレンズで冷やされ、目に見えるすがたの水にもどるからです。

練習のワーク

教科書 92～101ページ　答え 12ページ

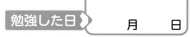

できた数　/11問中

おわったら シールを はろう

1 **右の図のように、２つのビーカーに同じ量の水を入れ、一方におおいをして、日当たりのよい場所に置きました。次の問いに答えましょう。**

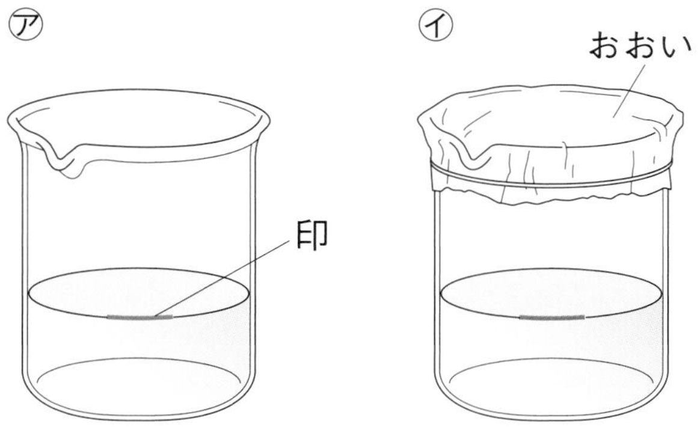

[述] (1)　初めの水面の位置に印をつけるのはなぜですか。

（　　　　　　　　）

(2)　３～４日後に、㋑のビーカーやおおいの内側(うちがわ)には、何がたくさんついていましたか。（　　　　）

(3)　３～４日後に水の量がへっていたのは、㋐、㋑のどちらですか。（　　　）

(4)　(3)で答えたビーカーでへった水は、どうなったと考えられますか。次の文の（　）に当てはまる言葉をかきましょう。

①（　　　　　　）になって、②（　　　　　　）中に出ていった。

(5)　水が(4)で答えたようにすがたを変えることを、何といいますか。

（　　　　）

2 **右の図のように、冷ぞう庫でよく冷やしたコップを、つくえの上に置いておきました。次の問いに答えましょう。**

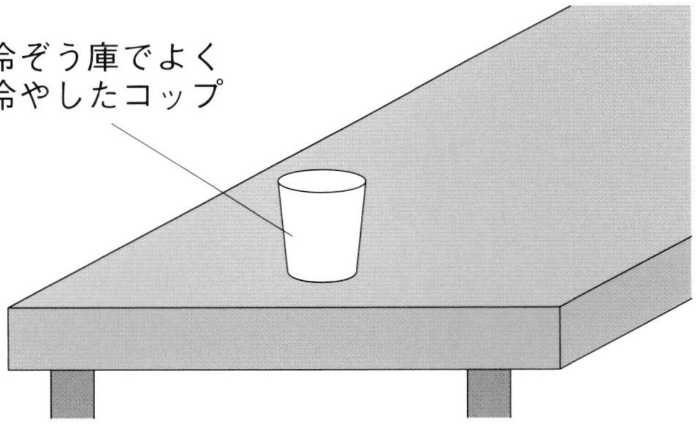

(1)　しばらくすると、コップの表面はどうなりますか。正しいほうに○をつけましょう。

①（　　）水てきがつく。

②（　　）何も変わらない。

(2)　(1)のような結果について、次の文の（　）に当てはまる言葉を、下の〔　〕から選んでかきましょう。

①（　　　　）にあった②（　　　　）が、冷(つめ)たいコップの表面で冷やされて③（　　　　）にもどった。これを④（　　　　）という。

〔　空気中　　氷　　水　　水じょう気　　じょう発　　結ろ　〕

勉強した日　月　日

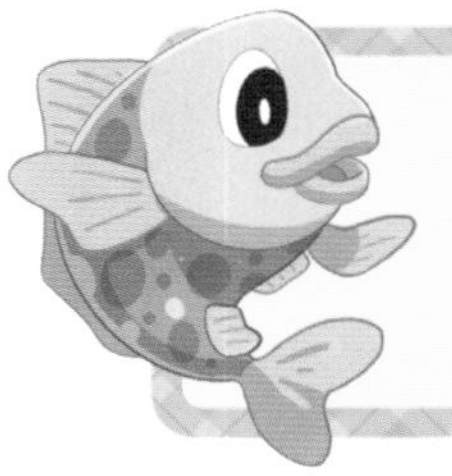

まとめのテスト

7　自然のなかの水のすがた

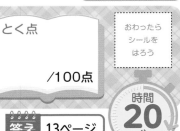

とく点　/100点

おわったらシールをはろう

時間 20分

教科書 92～101ページ　答え 13ページ

よく出る **1** 水のすがた　右の図のように、２つのビーカーに同じ量の水を入れ、㋑のビーカーだけにおおいをしました。次に、２つのビーカーを日当たりのよい場所に３～４日置きました。次の問いに答えましょう。

１つ６〔18点〕

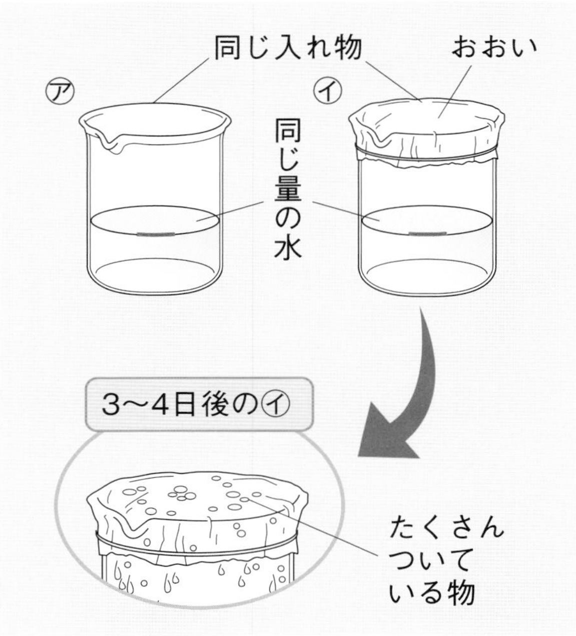

(1)　３～４日後にようすを見たとき、水がへっているのは、㋐、㋑のどちらのビーカーですか。（　　　）

(2)　㋑のビーカーの内側に、たくさんついている物は何ですか。（　　　）

記述 (3)　水がへったビーカーの、へった水はどうなりましたか。

（　　　　　　　　　　　　　　　）

2 自然のなかの水のすがた　自然のなかの水のすがたについてかいた次の文のうち、正しいものには○、まちがっているものには×をつけましょう。

１つ５〔30点〕

①（　　）水が空気中に出ていくとき、目に見えないすがたに変わることを、じょう発という。

②（　　）コンクリートの地面にできた水たまりは、水が空気中に出ていくので、時間がたつとやがてなくなる。

③（　　）雨がふったときにできた校庭の水たまりの水は、すべて土の中にしみこんでいくので、空気中には出ていかない。

④（　　）水は、自然のなかで目に見えないすがたになると、目に見えるすがたの水にもどることはない。

⑤（　　）ぬれたせんたく物の水は、すべて水てきとなって地面に落ちるのでかわく。

⑥（　　）目に見えないすがたに変わって空気中に出ていった水は、なくなってしまうわけではなく、空気中にふくまれている。

3 せんたく物がかわくしくみ ぬれたタオルをほしてかわかしたら、右の図のように、タオルの重さが変わりました。次の問いに答えましょう。　1つ6〔24点〕

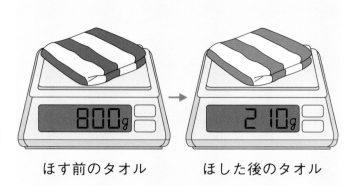

ほす前のタオル　　ほした後のタオル

(1) ほす前のタオルの重さをはかったら800gありました。ほした後のタオルの重さは210gでした。ほす前とほした後で,タオルは何g軽くなりましたか。

（　　　　　　　　　）

(2) (1)で軽くなった重さは、何の重さですか。（　）に当てはまる言葉を、下の〔　〕から選んでかきましょう。

　　ぬれたタオルから、①（　　　　　　　）して、②（　　　　　　　）中に出ていった③（　　　　　　　）の重さ。

〔　水　　地面　　じょう発　　タオル
　　はかり　　空気　　日なた　　日かげ　〕

4 空気中の水じょう気 冷ぞう庫でよく冷やしておいたペットボトルを、冷ぞう庫から出してつくえの上にしばらく置いておくと、右の図のように、ペットボトルの表面に水てきがつきました。⑦は空気中にふくまれている目に見えないすがたの水を表しています。次の問いに答えましょう。　1つ7〔28点〕

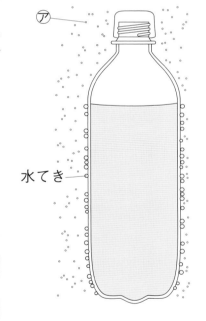

⑦

水てき

(1) ペットボトルの表面についた水てきは、⑦が水てきに変わったものです。次の文の（　）に当てはまる言葉を、下の〔　〕から選んでかきましょう。

　　空気中にふくまれている目に見えないすがたの水が、ペットボトルの①（　　　　　　　）で②（　　　　　　　）て、目に見えるすがたの水にもどった。

〔　中　　表面　　あたためられ　　冷やされ　〕

(2) (1)のように、ペットボトルなどで冷やされて、空気中の水じょう気が水にもどることを何といいますか。　　　　　（　　　　　　　　　）

(3) このペットボトルを冷ぞう庫から出したとき、つくえの上ではなく、すぐそばのテーブルの上に置いておくと、ペットボトルの表面には水てきがつきますか、つきませんか。　　　　　　　　　　　　　　（　　　　　　　　　）

1　植物のようす

きほんのワーク

図を見て、あとの問いに答えましょう。

1 秋の植物のようす

サクラ

えだの色が ① [　　　] になる。

葉の色が茶色や ② [　　　] になる。その後、葉はかれ落ちる。

ヘチマ

くきや葉が ③ [　　　] 始める。

④ [　　　] が大きくなり、中にたねができている。

 春や夏のころとは、ようすが変わってきたね。

(1)　夏とくらべてサクラのえだの色や葉の色はどう変わりますか。下の〔　〕から選んで①、②の□□□にかきましょう。　〔　緑色　　茶色　　赤色　〕

(2)　ヘチマのくきや葉は、どうなり始めますか。③の□□□にかきましょう。

(3)　④の□□□に当てはまる言葉をかきましょう。

まとめ　〔　たね　かれ　実　〕から選んで（　）にかきましょう。

● すずしくなると、ヘチマは①（　　　　　）の中に②（　　　　　）をつくり、やがてかれる。

● すずしくなると、サクラなどの木の葉は色が変わり、③（　　　　　）落ちていく。

わくわくたんてい団　ツルレイシやヘチマ、ホウセンカなど、秋に実をつけ、たねをつくる植物はたくさんあります。植物がかれてしまっても、たねで寒い冬をこすことができるのです。

勉強した日　月　日

できた数

／8問中

おわったら
シールを
はろう

教科書　102〜105ページ　　答え　13ページ

1 次の図は、サクラとアジサイのようすを、夏のころと秋のころでくらべたものです。あとの問いに答えましょう。

㋐　　　㋑　　　㋒　　　㋓

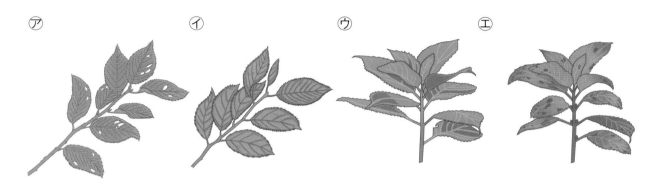

⑴ 秋のころのサクラを表しているのは、㋐、㋑のどちらですか。（　　　）

⑵ 秋のころのアジサイを表しているのは、㋒、㋓のどちらですか。（　　　）

⑶ すずしくなると、サクラの葉は何色になっていきますか。次のア〜ウから選びましょう。（　　　）

　ア　緑色　　イ　赤色や茶色　　ウ　黄色や白色

⑷ ⑶の後、葉はかれ落ちますか、かれ落ちませんか。（　　　）

2 秋のころのツルレイシとヘチマについて、あとの問いに答えましょう。

㋐　　　　　　　㋑

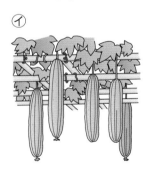

⑴ 秋のころのツルレイシを表しているのは、㋐、㋑のどちらですか。（　　　）

⑵ 秋のころのヘチマを表しているのは、㋐、㋑のどちらですか。（　　　）

⑶ 秋のころのツルレイシやヘチマのようすとして正しいものに2つ〇をつけましょう。

　①（　　　）実の中にたねができている。

　②（　　　）花がたくさんさいている。

　③（　　　）緑色の葉がふえてくる。

　④（　　　）葉の色が変わり、かれ始める。

ツルレイシの育ち方は、ヘチマの育ち方とにているよ。

2 **動物のようす**

3 **記録の整理**

きほんのワーク

もくひょう
すずしくなると、動物の活動がどう変わるのかかくにんしよう。

おわったらシールをはろう

教科書 106〜109ページ 答え 14ページ

図を見て、あとの問いに答えましょう。

① 秋の動物のようす

オオカマキリ

① [   ] をうんでいる。

ヒキガエル

じっとしている。

夏にはセミがさかんに鳴いていたよね。
秋にはコオロギなどがさかんに鳴いているよ。

ツバメの巣

ツバメは、あたたかい② [   ] の方へ飛んでいった。

すずしくなると、動物の活動のようすが
③（ あまり見られなく　よく見られるように ）なり、見られる数は
④（ ふえる　へる ）。

(1) オオカマキリは、何をうんでいますか。①の[　]にかきましょう。

(2) ツバメはどこへ飛んでいきましたか。②の[　]に東、西、南、北でかきましょう。

(3) すずしくなると、動物の活動のようすや見られる数はどうなりますか。
　③、④の（　）のうち、正しいほうを◯でかこみましょう。

まとめ 〔 見られなく　低く 〕から選んで（　）にかきましょう。

● 夏にくらべて、秋は気温が①（　　　　　）なる。

● すずしくなると、動物のすがたやその活動のようすはあまり②（　　　　　　　　）なる。

わくわくたんてい団 秋のころのスズメバチは、大変きけんです。巣の近くを通るだけで人をこうげきしてきます。このころは、黒い服はさけ、巣に近づかないようにしましょう。

勉強した日 ▶ 月 日

できた数

／6問中

おわったら
シールを
はろう

練習のワーク

教科書 106〜109ページ　答え 14ページ

❶　図の㋐〜㋒は、春、夏、秋のころのオオカマキリのようすです。あとの問いに答えましょう。

㋐

あ

㋑

㋒
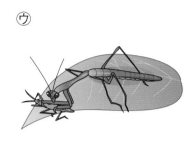

（1）　秋のころのオオカマキリのようすを表しているのは、㋐〜㋒のどれですか。

（　　　　　　）

（2）　図のあは、オオカマキリの何ですか。　　　（　　　　　　）

❷　右の図は、すずしくなったころのヒキガエルのようすです。次の問いに答えましょう。

（1）　図のヒキガエルのすがたは、夏のころに見られたヒキガエルと同じですか、ちがいますか。ア、イから選びましょう。　　　　（　　　　　　）

ア　まったく同じ。　　イ　大きく育っている。

（2）　すずしくなると、ヒキガエルの活動のようすは、さかんになりますか、あまり見られなくなりますか。

（　　　　　　　　　　　　）

❸　夏のころと、秋のころの気温をくらべました。次の問いに答えましょう。

（1）　右の図の㋐、㋑のうち、秋の気温を記録したものはどちらですか。

（　　　　　　）

（2）　秋のころの気温は、夏のころとくらべて、どうなりましたか。

（　　　　　　　　　　　）

㋐
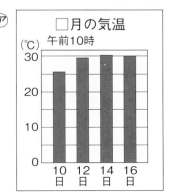

㋑
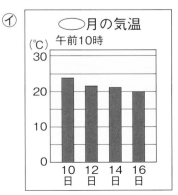

まとめのテスト

すずしくなると

とく点

/100点

教科書 102〜109ページ 答え 14ページ

時間 **20**分

1 **ヘチマの秋のようす** 次の図は、すずしくなったころのヘチマのようすとその記録カードです。あとの問いに答えましょう。

1つ5〔30点〕

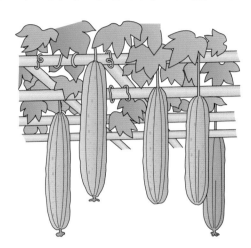

(1) 記録カードの㋐、㋑の □ に当てはまる言葉を、下の**ア〜カ**から選びましょう。

㋐（　　　　） ㋑（　　　　）

> **ア** かれた　 **イ** 新しい　 **ウ** くき　 **エ** 同じぐらいのびている
> **オ** さらにのびるようになった　 **カ** ほとんどのびていない

(2) ヘチマの実は、すずしくなってくると、何色に変わってきますか。正しいものに〇をつけましょう。

①（　　　）緑色

②（　　　）茶色

③（　　　）黒色

(3) ヘチマの実の中には、何が入っていますか。（　　　　　　　　）

(4) じゅくしたヘチマの実の中に見られる(3)は、下の図の㋐〜㋒のうち、どれですか。

（　　　　　　　　）

(5) ヘチマの育ち方が記録カードのようになるのは、夏のころにくらべて、気温がどうなったからですか。（　　　　　　　　　　　　　　　　）

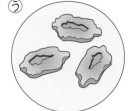

50

2 秋のサクラのようす 次の文のうち、秋のサクラのようすとして、正しいものには○、まちがっているものには×をつけましょう。

1つ5〔20点〕

①（　　　）さいていた花がちり、緑色の葉が出てきた。

②（　　　）葉の色が変わり、かれ落ち始めた。

③（　　　）木全体に花がさいていた。

④（　　　）木全体が緑色の葉でおおわれていた。

3 秋の動物のようす 次の文のうち、秋の動物のようすとして、正しいものには○、まちがっているものには×をつけましょう。

1つ6〔30点〕

①（　　　）ツバメは、あたたかい南の方へ飛んでいった。

②（　　　）オオカマキリの成虫がたまごをうんでいた。

③（　　　）オオカマキリのよう虫がたまごからかえった。

④（　　　）ヒキガエルの子どもが水中から陸に上がった。

⑤（　　　）虫のすがたや活動のようすが、夏のころとくらべてあまり見られなくなった。

4 気温とヘチマの育ち方 9月の気温とヘチマのくきののび方を、1週間ごとにはかりました。下の表はその結果です。表をもとにして、①、②のグラフを完成させましょう。

1つ10〔20点〕

日	8日	15日	22日	29日
気温	28℃	24℃	22℃	20℃

日	1〜8日	8〜15日	15〜22日	22〜29日
のび	80cm	40cm	25cm	10cm

①9月の気温の変わり方（午前10時）

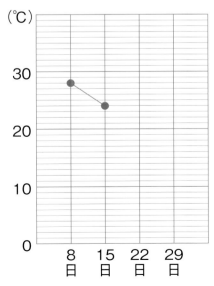

②9月のヘチマのくきののび方

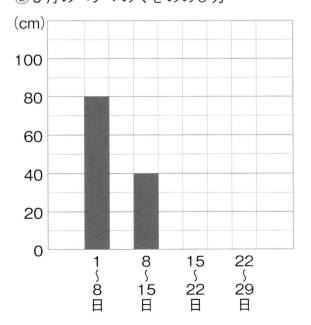

1 とじこめた空気

きほんのワーク

勉強した日 月 日

もくひょう
とじこめた空気の手ご
たえや体積の変わり方
について学ぼう。

おわったら
シールを
はろう

教科書 110〜114ページ 答え 15ページ

図を見て、あとの問いに答えましょう。

1 つつの中の空気のようす

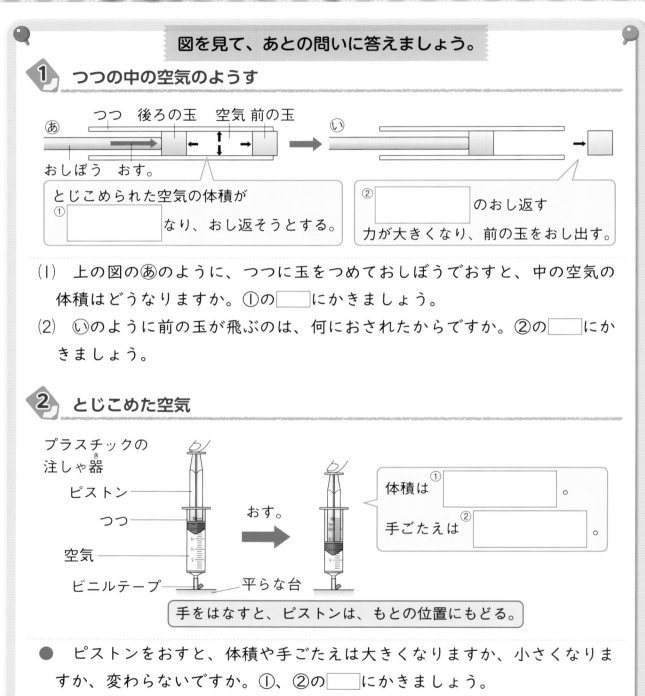

つつ 後ろの玉 空気 前の玉
あ
おしぼう おす。

とじこめられた空気の体積が
① [　　　　　　]なり、おし返そうとする。

い

② [　　　　　　]のおし返す
力が大きくなり、前の玉をおし出す。

（1） 上の図のあのように、つつに玉をつめておしぼうでおすと、中の空気の
体積はどうなりますか。①の[　　]にかきましょう。

（2） いのように前の玉が飛ぶのは、何におされたからですか。②の[　　]にか
きましょう。

2 とじこめた空気

プラスチックの
注しゃ器
ピストン
つつ
空気
ビニルテープ
平らな台

おす。

体積は① [　　　　　　]。

手ごたえは② [　　　　　　]。

手をはなすと、ピストンは、もとの位置にもどる。

● ピストンをおすと、体積や手ごたえは大きくなりますか、小さくなりま
すか、変わらないですか。①、②の[　　]にかきましょう。

まとめ 〔 大きくなる 体積 〕から選んで（ ）にかきましょう。

● とじこめた空気をおすと、①（　　　　　　）が小さくなる。
● とじこめた空気の体積が小さくなるほど、おし返す力は②（　　　　　　）。

わくわくたんてい団 うきわには、空気がとじこめられています。たくさんの空気をとじこめるほど、内側から
うきわをおす力が大きくなり、うきわがかたく感じられます。

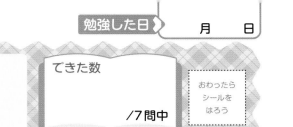

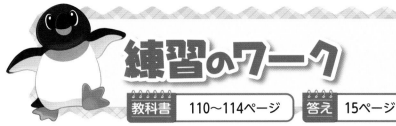

練習のワーク

教科書 110～114ページ　答え 15ページ

できた数 ／7問中

おわったら シールを はろう

1 **右の図は、2この玉をつつにつめて、空気をおしぼうでおすときのようすを表しています。次の問いに答えましょう。**

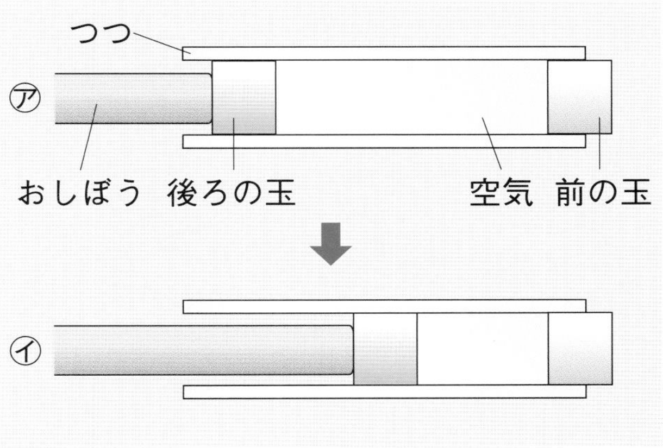
つつ
㋐
おしぼう
後ろの玉
空気
前の玉
㋑

(1) おしぼうをおす前の㋐と、おした後の㋑をくらべたとき、変わっているもの2つに○をつけましょう。

①(　　　)空気の体積

②(　　　)空気のおし返す力

③(　　　)空気の色

(2) ㋑で、さらにぼうをおすと前の玉は何におされて飛び出しますか。

(　　　　　　　　)

2 **右の図は、注しゃ器を使って、空気に力を加えたときのようすを表しています。次の問いに答えましょう。**

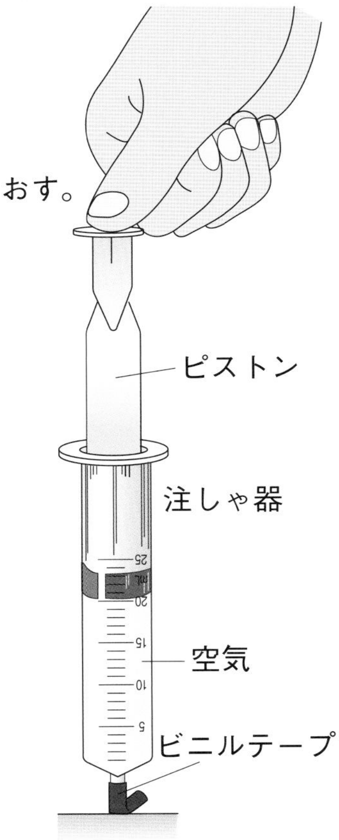
おす。
ピストン
注しゃ器
空気
ビニルテープ

(1) ピストンをおし下げていくと、手ごたえはどうなりますか。正しいものに○をつけましょう。

①(　　　)だんだん大きくなる。

②(　　　)だんだん小さくなる。

③(　　　)変わらない。

(2) ピストンをおしたとき、何の体積が小さくなっていますか。

(　　　　　　　　)

(3) おすのをやめたときのピストンのようすとして、正しいものに○をつけましょう。

①(　　　)そのままになる。

②(　　　)もとの位置までもどる。

③(　　　)とちゅうまでもどるが、もとの位置にはもどらない。

(4) ピストンをおすほど大きくなるのは何ですか。正しいほうに○をつけましょう。

①(　　　)空気の体積が小さくなろうとする力

②(　　　)空気のピストンをおし返す力

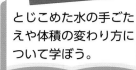

もくひょう
とじこめた水の手ごたえや体積の変わり方について学ぼう。

おわったら
シールを
はろう

2　とじこめた水

きほんのワーク

教科書 115〜119ページ　　答え 15ページ

図を見て、あとの問いに答えましょう。

①　とじこめた水の体積

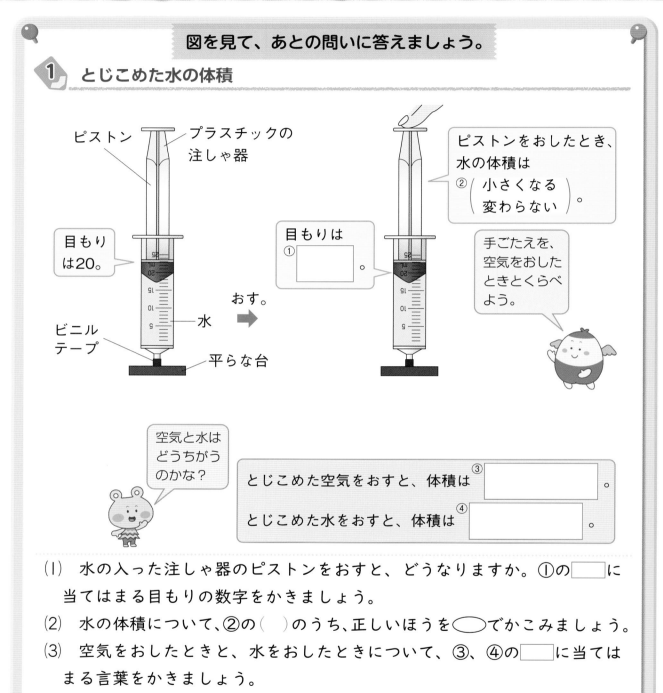

ピストン
プラスチックの注しゃ器

目もりは20。

ビニルテープ

水

平らな台

おす。

目もりは
①[　　　　]。

ピストンをおしたとき、水の体積は
②（ 小さくなる ／ 変わらない ）。

手ごたえを、空気をおしたときとくらべよう。

空気と水はどうちがうのかな？

とじこめた空気をおすと、体積は③[　　　　　]。

とじこめた水をおすと、体積は④[　　　　　]。

（1）　水の入った注しゃ器のピストンをおすと、どうなりますか。①の[　　]に当てはまる目もりの数字をかきましょう。

（2）　水の体積について、②の（　）のうち、正しいほうを◯でかこみましょう。

（3）　空気をおしたときと、水をおしたときについて、③、④の[　　]に当てはまる言葉をかきましょう。

まとめ　〔 変わらない　小さくなる 〕から選んで（　）にかきましょう。

● とじこめた空気は、おされると体積が①（　　　　　　　　）が、とじこめた水は、空気とちがい、おされても体積は②（　　　　　　　　）。

空気と水のせいしつを利用して、ペットボトルロケットをつくることができます。ペットボトルに、水とおしちぢめた空気を入れて、ロケットを飛ばします。

教科書 115〜119ページ　答え 15ページ

1 　右の図のように、注しゃ器に水を入れておし、中の
水の体積が変わるかどうかを調べました。次の問いに答
えましょう。

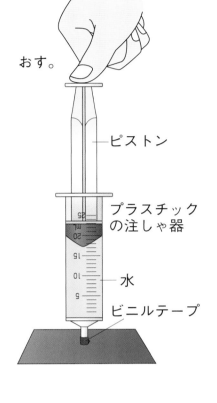

おす。

ピストン

プラスチック
の注しゃ器

水

ビニルテープ

(1)　図のように、指でピストンをおすと、ピストンはど
うなりますか。正しいほうに○をつけましょう。

①(　　　)ピストンをおすと、ピストンの位置が下が
る。

②(　　　)ピストンをおしても、ピストンの位置は変
わらない。

(2)　とじこめた水をおすと、体積はどうなりますか。正
しいものに○をつけましょう。

①(　　　)小さくなる。

②(　　　)大きくなる。

③(　　　)変わらない。

2 　右の図のように、注しゃ器㋐に水、
注しゃ器㋑に水と空気を入れて、それぞ
れのピストンをおしました。次の問いに
答えましょう。

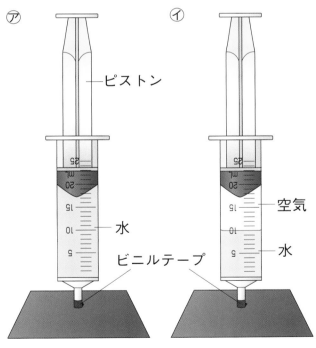

㋐　　　　　　㋑

ピストン

空気

水

水

ビニルテープ

(1)　㋐、㋑のピストンをおすと、ピスト
ンはどうなりますか。正しいものに○
をつけましょう。

①(　　　)㋐のピストンだけ下がる。

②(　　　)㋑のピストンだけ下がる。

③(　　　)㋐、㋑のピストンは、両方
とも下がる。

(2)　次の文は、(1)のようになる理由を説
明したものです。(　)に当てはまる言
葉をかきましょう。

　　ピストンをおしたとき、①(　　　　　　　　　　)の体積は小さくなるが、

　　②(　　　　　　　　　)の体積は変わらないから。

55

まとめのテスト

8　とじこめた空気と水

とく点

おわったら
シールを
はろう

/100点

1 **とじこめた空気** 右の図のように、ふくろの中に空気を集めて、口をとじました。次の問いに答えましょう。　1つ6〔18点〕

(1)　㋐のふくろを手でおすと、どのような感じがしますか。正しいほうに○をつけましょう。

①(　　　　)ごつごつとしている。

②(　　　　)おし返される感じがする。

(2)　たくさんの空気をとじこめているのは、㋐、㋑のどちらのふくろですか。　(　　　　　　)

(3)　ふくろをおしたとき、手ごたえが大きいのは、㋐、㋑のどちらですか。　(　　　　　　)

2 **とじこめた空気** 次の図のように、つつの中に空気をとじこめ、おしぼうをおすと、つつの中の空気の体積が小さくなりました。あとの問いに答えましょう。

1つ6〔24点〕

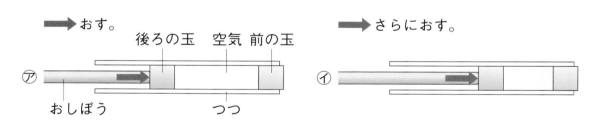

㋐　おす。　後ろの玉　空気　前の玉
おしぼう　つつ
㋑　さらにおす。

(1)　おしぼうをおしているときの手ごたえが大きいのは、㋐、㋑のどちらですか。
(　　　　　　)

(2)　体積が小さくなった空気の、おしぼうをおし返す力が大きいのは、㋐、㋑のどちらですか。　(　　　　　　)

(3)　おしぼうをさらにおすと、体積が小さくなった空気のどのような力で、前の玉は飛びますか。　(　　　　　　　　　　　　　)

(4)　㋑で、おしぼうをさらにおして前の玉が飛び出したとき、後ろの玉はどうなっていますか。正しいものに○をつけましょう。

①(　　　　)おしぼうからはなれて、つつの先から飛び出す。

②(　　　　)おしぼうが止まったところにある。

③(　　　　)つつの先で止まっている。

3 とじこめた空気と水 次の図のように、２つの注しゃ器に空気と水を入れました。次の問いに答えましょう。

1つ5〔30点〕

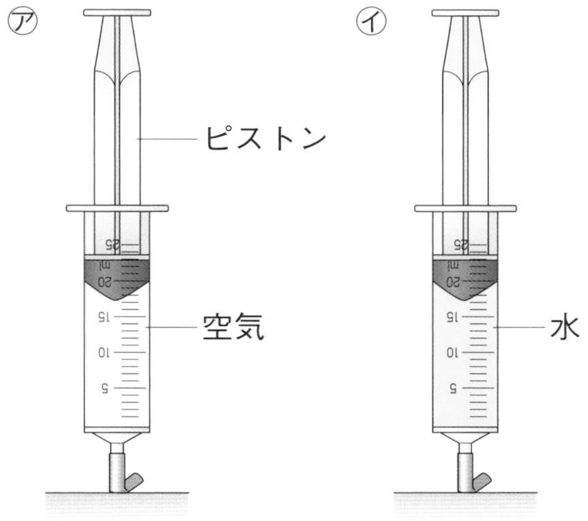

(1) ㋐のピストンは、おし下げることができますか。（　　　　　　　　）

(2) とじこめた空気に、外から力が加わると、体積はどのようになりますか。

（　　　　　　　　）

(3) ㋑のピストンは、おし下げることができますか。（　　　　　　　　）

(4) とじこめた水に、外から力が加わると、体積はどのようになりますか。

（　　　　　　　　）

(5) ㋐のピストンをおしていた指をはなすと、ピストンはどうなりますか。正しいほうに○をつけましょう。

①（　　　）動かない。　②（　　　）もとの位置までもどる。

(6) (5)のようになるのは、なぜですか。

（　　　　　　　　　　　　　　　　　　　　　　　　　　　）

4 とじこめた空気と水のようす 次の図のように、注しゃ器に空気と水をいっしょにとじこめました。あとの問いに答えましょう。

1つ7〔28点〕

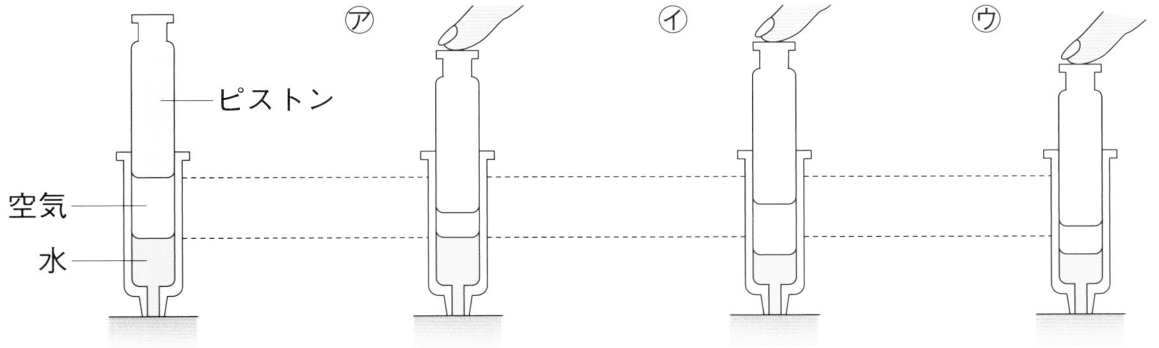

(1) ピストンをおしたときのようすとして、正しいものは、㋐～㋒のどれですか。

（　　　　）

(2) (1)のようになるのは、なぜですか。

（　　　　　　　　　　　　　　　　　　　　　　　　　　　）

(3) ピストンをおしていた指をはなすと、ピストンはどうなりますか。

（　　　　　　　　　　　　　）

(4) (3)のようになるのは、なぜですか。

（　　　　　　　　　　　　　　　　　　　　　　　　　　　）

1 空気の体積と温度

きほんのワーク

図を見て、あとの問いに答えましょう。

1 温度による空気の体積の変わり方

あたためたとき

初めの水の位置

空気

湯

水の位置が ① [　　　　　] 。

水の位置
印
空気

空気をあたためると、体積が ③ [　　　　] なる。

水の位置が変わったよ。

冷やしたとき

水の位置が ② [　　　　　] 。

印
水の位置
空気

氷水

空気を冷やすと、体積が ④ [　　　　] なる。

(1) 水をつけたガラス管を試験管にさし、図のように湯や氷水に入れました。水の位置は上がりますか、下がりますか。①、②の □ にかきましょう。

(2) 空気をあたためたり冷やしたりすると、体積は大きくなりますか、小さくなりますか。③、④の □ にかきましょう。

まとめ 〔 大きく　小さく 〕から選んで（　）にかきましょう。

● 空気の体積は、あたためると、①（　　　　　）なる。

● 空気の体積は、冷やすと、②（　　　　　）なる。

わくわくたんてい団　ストロー式の水とうでは、冷たかった飲み物がぬるくなると、あけたときに中身が飛び出すことがあります。水とうの中の空気の体積が大きくなって、飲み物をおすからです。

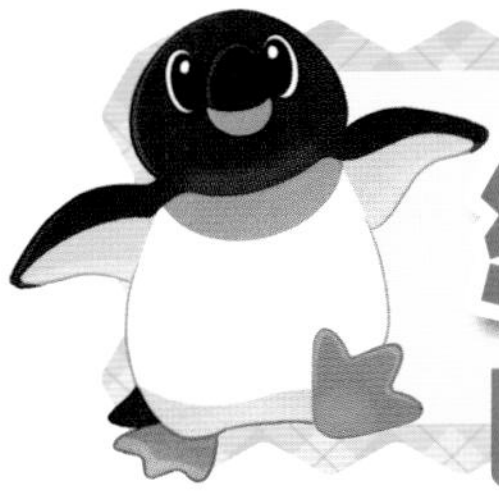

練習のワーク

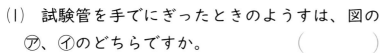

教科書 120〜124ページ　答え 17ページ

できた数　/7問中

おわったらシールをはろう

1 右の図のように、せっけん水（すい）のまくをはった試験管を手で軽くにぎりました。次の問いに答えましょう。

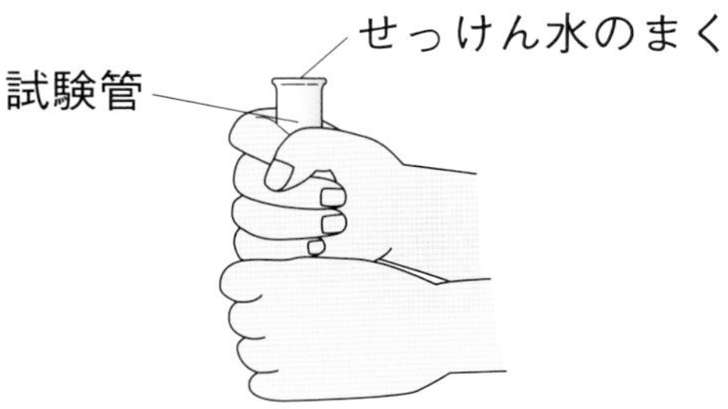

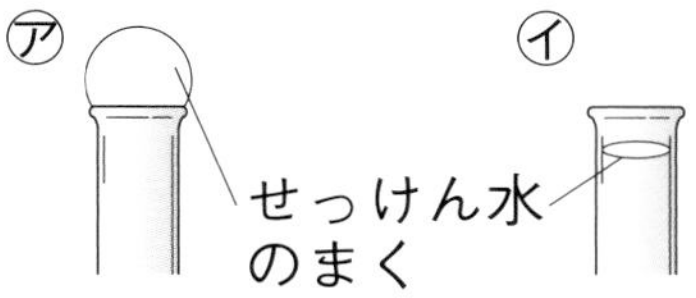

(1) 試験管を手でにぎったときのようすは、図の㋐、㋑のどちらですか。（　　）

(2) 試験管を下向きにしてにぎると、せっけん水のまくはどうなりますか。正しいほうに○をつけましょう。

①（　　）ふくらむ。　②（　　）へこむ。

2 次の図のように、ゴムせんをつけたガラス管の先に、水をつけて、試験管にさしこみ、試験管の中の空気をあたためたり、冷やしたりしました。あとの問いに答えましょう。

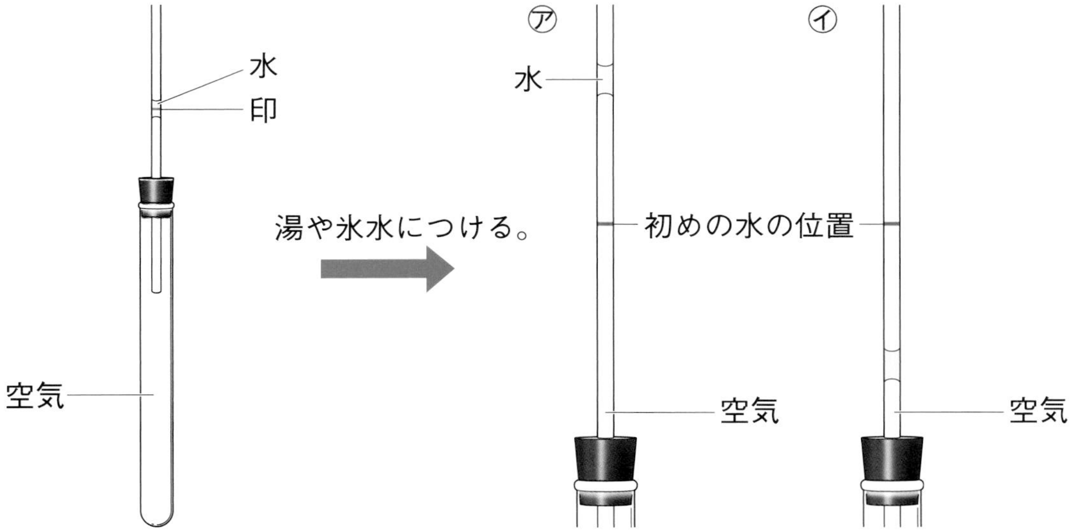

(1) 試験管をあたためたときのようすは、図の㋐、㋑のどちらですか。（　　）

(2) 試験管の中の空気の体積が大きくなっているのは、図の㋐、㋑のどちらですか。（　　）

(3) この実験から、どのようなことがわかりますか。次のうち、正しいものには○、まちがっているものには×をつけましょう。

①（　　）空気は、あたためられると、体積が大きくなる。

②（　　）空気は、冷やされると、体積が大きくなる。

③（　　）空気の体積は、あたためられても冷やされても、変わらない。

もくひょう

水の体積が、温度によってどう変わるのかを学ぼう。

おわったら
シールを
はろう

2　水の体積と温度

きほんのワーク

教科書 125〜126ページ　　答え 17ページ

図を見て、あとの問いに答えましょう。

① 温度による水の体積の変わり方

あたためたとき

初めの水面の位置

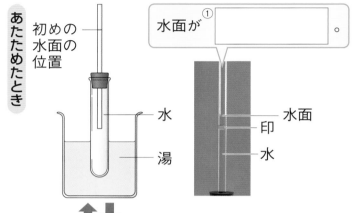

水面が ① ⬚ 。

水
湯
水面
印
水

水をあたためると、
体積が ③ ⬚
なる。

水面を
よく見てみよう。

冷やしたとき

水面が ② ⬚ 。

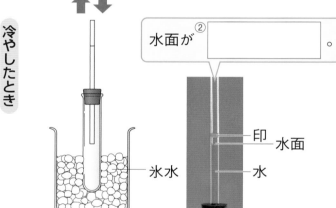

氷水
印
水面
水

水を冷やすと、
体積が ④ ⬚
なる。

体積の変わり方は、
空気よりも水のほうがずっと
⑤（　大きい　小さい　）。

（1）　水を満たした試験管にゴムせんをつけたガラス管をさし、図のように湯や氷水に入れました。水面は上がりますか、下がりますか。①、②の⬚にかきましょう。

（2）　水をあたためたり冷やしたりすると、体積は大きくなりますか、小さくなりますか。③、④の⬚にかきましょう。

（3）　⑤の（　）のうち、正しいほうを◯でかこみましょう。

まとめ　〔　大きく　小さく　小さい　〕から選んで（　）にかきましょう。

● 水の体積は、あたためると①（　　　　　　　）なり、冷やすと②（　　　　　　　）なる。

● 温度による水の体積の変わり方は、空気よりもずっと③（　　　　　　　）。

わくわくたんてい団　水の体積は、およそ4℃のときに、いちばん小さくなります。水を冷やし続けると、4℃までは体積が小さくなっていきますが、その後は体積が大きくなっていきます。

勉強した日 ▶ 　　月　　日

できた数

／5問中

おわったら
シールを
はろう

1 次の図の㋐は、ゴムせんをつけたガラス管の先に水をつけて、試験管にさしこんだもの、㋑はゴムせんをつけたガラス管を、水を満たした試験管にさしこんだものです。あとの問いに答えましょう。

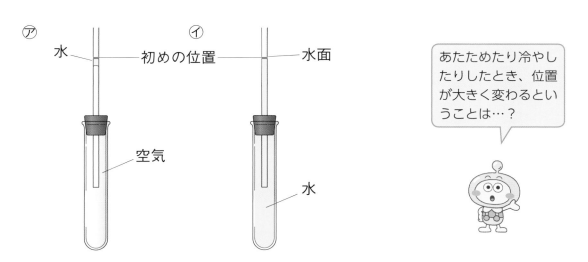

あたためたり冷やしたりしたとき、位置が大きく変わるということは…？

(1) 試験管を同じ温度の湯につけてあたためると、㋐の水と㋑の水面の位置はどうなりますか。次のア〜エから選びましょう。　　　　　　　　　（　　　　　）

　ア　㋐の水も、㋑の水面も、上に動く。

　イ　㋐の水は上に、㋑の水面は下に動く。

　ウ　㋐の水は下に、㋑の水面は上に動く。

　エ　㋐の水も、㋑の水面も、下に動く。

(2) 試験管を氷水につけて冷やすと、㋐の水と㋑の水面の位置はどうなりますか。

　(1)のア〜エから選びましょう。　　　　　　　　　　　　（　　　　　）

(3) あたためたり冷やしたりしたとき、㋐の水の位置と㋑の水面の位置では、どちらのほうが動き方が小さいですか。次のア〜ウから選びましょう。

　　　　　　　　　　　　　　　　　　　　　　　　　　（　　　　　）

　ア　㋐の水の位置

　イ　㋑の水面の位置

　ウ　差がない。

(4) (3)からどのようなことがわかりますか。次の文の（　）に当てはまる言葉をかきましょう。

　　　　水は、空気よりも、温度による①（　　　　　　　　　　　）の変わり方が
　　②（　　　　　　　　　　　）。

3　金ぞくの体積と温度

きほんのワーク

もくひょう
金ぞくの体積が、温度によってどう変わるのかを学ぼう。

おわったらシールをはろう

教科書 127〜133、192、193ページ　　答え 17ページ

図を見て、あとの問いに答えましょう。

①　温度による金ぞくの体積の変わり方

湯であたためる	熱する	水で冷やす

輪
球

輪を
① 　　　　　　　　　。

輪を
② 　　　　　　　　　。

輪を
③ 　　　　　　　　　。

金ぞくを熱すると、体積は
④ 　　　　　　　なる。

金ぞくを冷やすと、体積は
⑤ 　　　　　　　なる。

金ぞくは温度による体積の変わり方が、空気や水にくらべて
⑥ 　　　　　　　　。

（1）　輪をちょうど通る金ぞくの球をあたためたり、熱したり、冷やしたりしました。球は輪を通りますか。写真を見て①〜③の□□□にかきましょう。

（2）　金ぞくを熱したり冷やしたりすると、体積は大きくなりますか、小さくなりますか。④、⑤の□□□にかきましょう。

（3）　金ぞくの体積の変わり方は、空気や水とくらべて大きいですか、小さいですか。⑥の□□□にかきましょう。

まとめ　〔 大きく　小さく　小さい 〕から選んで（ ）にかきましょう。

● 金ぞくの体積は、熱せられると①（　　　　　　　　）なり、冷やされると②（　　　　　　　　）なる。

● 空気や水とくらべて、金ぞくの温度による体積の変わり方は、とても③（　　　　　　　　）。

ガラスも、あたためたり冷やしたりすると、体積が大きくなったり小さくなったりします。しかし、その変わり方は、金ぞくよりも、さらに小さいです。

練習のワーク

教科書 127～133、192、193ページ　答え 17ページ

できた数　/9問中　おわったらシールをはろう

1　金ぞくを熱するときに気をつけることについて、正しいものには○、まちがっているものには×をつけましょう。

①(　　　)加熱器具は不安定なところに置かない。

②(　　　)加熱器具のまわりに、もえやすい物を置かない。

③(　　　)加熱器具を持ち歩くときは、火をつけたまま持ち歩く。

④(　　　)熱した金ぞくの温度は、手でさわってたしかめる。

⑤(　　　)熱した金ぞくは、水で冷やしてもすぐにはさわらない。

⑥(　　　)実験用ガスこんろのガスボンベは、火を消したら冷える前にはずす。

2　次の図のようにして、湯であたためても輪を通りぬけることができる金ぞくの球を熱したり冷やしたりして、体積の変わり方を調べました。あとの問いに答えましょう。

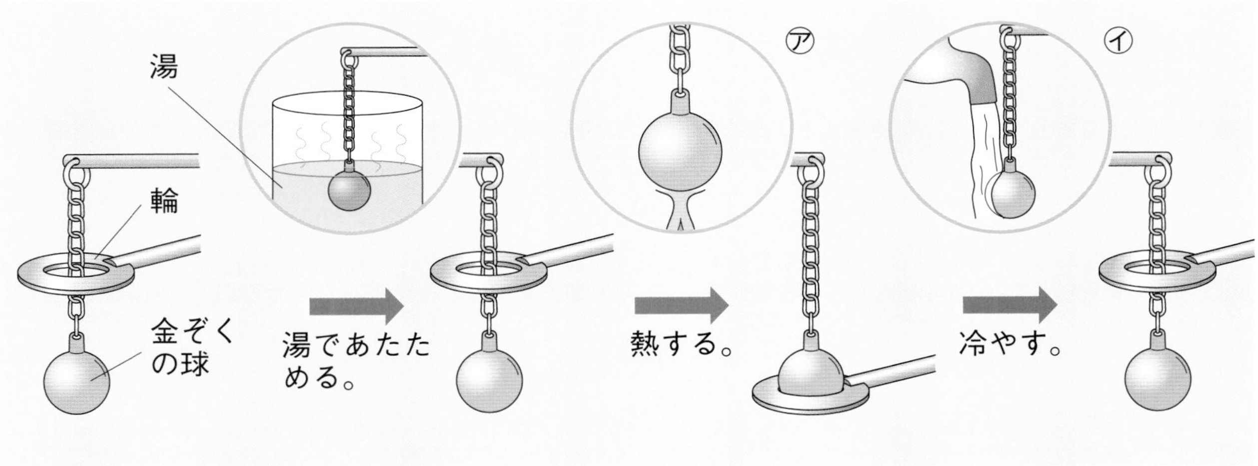

(1)　㋐、㋑のようすから、金ぞくの体積は、熱したり冷やしたりするとどうなることがわかりますか。次のア～ウからそれぞれ選びましょう。

熱したとき(　　　)　冷やしたとき(　　　)

ア　大きくなる。

イ　小さくなる。

ウ　変わらない。

(2)　温度による体積の変わり方が大きい順に、金ぞく、空気、水をならべましょう。

(　　　→　　　→　　　)

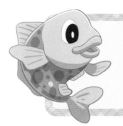

勉強した日　月　日

まとめのテスト

9　物の体積と温度

とく点　/100点

おわったら シールを はろう

時間 20分

教科書 120～133、192、193ページ　答え 18ページ

チャレンジ! **1** 空気や水の体積と温度　次の図のように、空気や水の入った試験管を湯や氷水に入れて、体積の変わり方を調べました。あとの問いに答えましょう。　1つ5〔30点〕

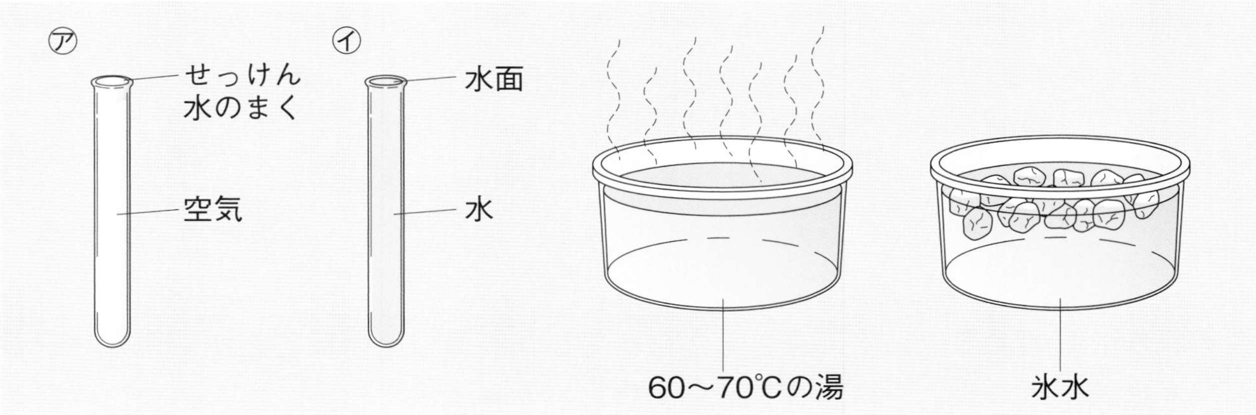
㋐
せっけん
水のまく
空気
㋑
水面
水
60～70℃の湯
氷水

(1)　㋐、㋑の試験管を、湯の中に入れました。㋐のまくや㋑の水面はふくらみますか、へこみますか。　(　　　　)

(2)　(1)のとき、変わり方が大きいのは、㋐、㋑のどちらですか。　(　　)

(3)　㋐、㋑の試験管を、氷水の中に入れました。㋐のまくや㋑の水面はふくらみますか、へこみますか。　(　　　　)

(4)　(3)のとき、変わり方が大きいのは、㋐、㋑のどちらですか。　(　　)

(5)　あたためたり冷やしたりしたときの空気と水の体積の変わり方について、どのようなことがいえますか。次の①～⑤のうち、正しいもの2つに○をつけましょう。

①(　　　)空気も水も、冷やされると体積が小さくなるが、水のほうが体積の変わり方が小さい。

②(　　　)空気も水も、冷やされると体積が小さくなるが、空気のほうが体積の変わり方が小さい。

③(　　　)空気も水も、あたためられると体積が小さくなるが、水のほうが体積の変わり方が小さい。

④(　　　)空気も水も、あたためられると体積が大きくなるが、水のほうが体積の変わり方が小さい。

⑤(　　　)空気も水も、あたためられると体積が大きくなるが、空気のほうが体積の変わり方が小さい。

2 **温度と金ぞくの体積** **何もしないときちょうど輪を通る金ぞくの球を、次の図のように熱したり冷やしたりして、体積が変わるかどうかを調べました。あとの問いに答えましょう。** 1つ8〔40点〕

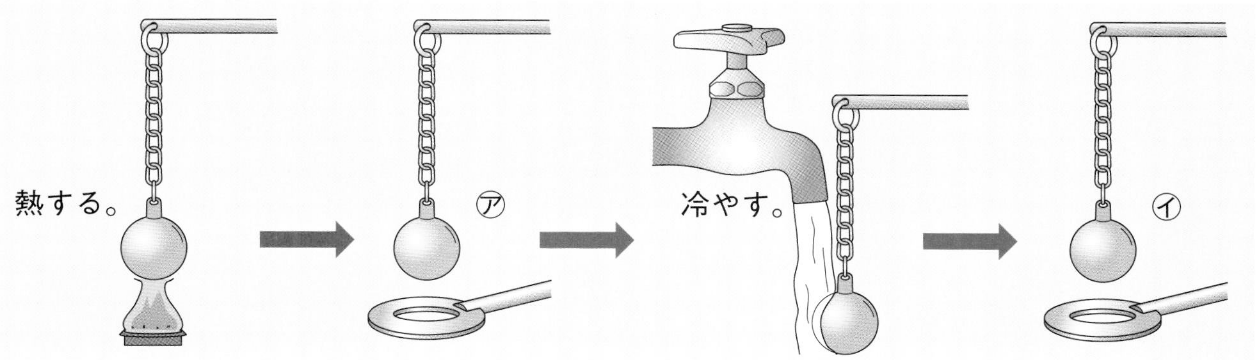

(1)　㋐の金ぞくの球は、輪を通りますか。　(　　　　　)

(2)　㋑の金ぞくの球は、輪を通りますか。　(　　　　　)

(3)　温度による金ぞくの体積の変わり方について、次の文の(　)に当てはまる言葉をかきましょう。

　金ぞくは、熱せられると体積が①(　　　　　)なり、
冷やされると体積が②(　　　　　)なる。

(4)　温度による金ぞくの体積の変わり方は、空気や水とくらべてどうですか。正しいものに○をつけましょう。

①(　　)金ぞくのほうが、空気や水より体積の変わり方が大きい。

②(　　)空気や水のほうが、金ぞくより体積の変わり方が大きい。

③(　　)金ぞくも空気も水も、体積の変わり方は同じである。

3 **物の体積と温度** **温度と物の体積の変わり方についてかいた次の文のうち、正しいものには○、まちがっているものには×をつけましょう。** 1つ5〔30点〕

①(　　)金ぞくでつくられた電線のたるみは、夏よりも冬のほうが大きい。

②(　　)金ぞく、水、空気を、温度による体積の変わり方の大きい順にならべると、空気、水、金ぞくになる。

③(　　)ガラスのびんについている金ぞくのふたがあかないときは、ふたの部分を冷やすと、ふたの体積が大きくなってあけやすくなることがある。

④(　　)ぼう温度計は、灯油(とうゆ)などの、中に入っている液(えき)の体積が温度によって変わることを利用(りよう)して温度をはかる道具である。

⑤(　　)空気も水も、冷やされると体積が小さくなるが、金ぞくは、冷やされると体積が大きくなる。

⑥(　　)水は、あたためられると体積が大きくなるが、冷やしても体積は変わらない。

1　金ぞくのあたたまり方

もくひょう
金ぞくのぼうや板のあたたまり方について学ぼう。

おわったら
シールを
はろう

きほんのワーク

教科書　134〜138ページ　　答え　19ページ

図を見て、あとの問いに答えましょう。

1　金ぞくのあたたまり方

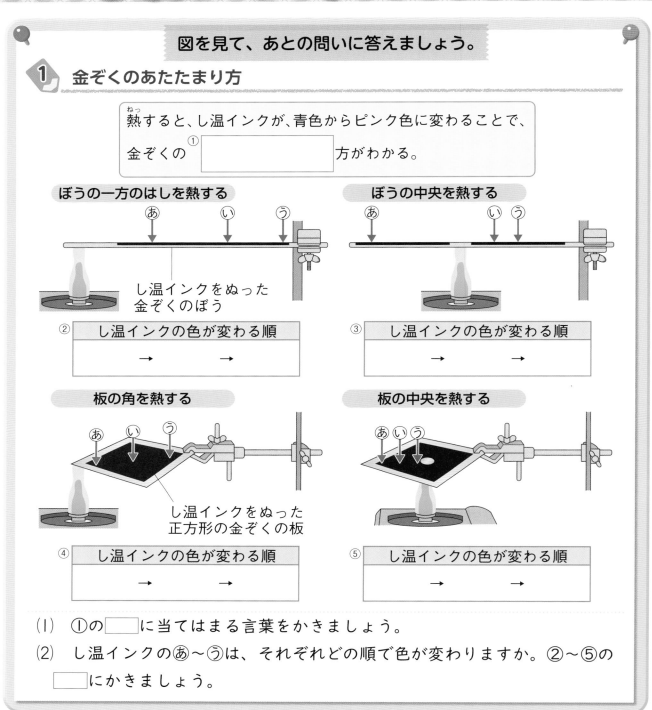

熱すると、し温インクが、青色からピンク色に変わることで、
金ぞくの①□□□□□□方がわかる。

ぼうの一方のはしを熱する
あ　い　う
し温インクをぬった
金ぞくのぼう

② し温インクの色が変わる順
□　→　□　→　□

ぼうの中央を熱する
あ　い　う

③ し温インクの色が変わる順
□　→　□　→　□

板の角を熱する
あ　い　う
し温インクをぬった
正方形の金ぞくの板

④ し温インクの色が変わる順
□　→　□　→　□

板の中央を熱する
あいう

⑤ し温インクの色が変わる順
□　→　□　→　□

(1)　①の□に当てはまる言葉をかきましょう。

(2)　し温インクのあ〜うは、それぞれどの順で色が変わりますか。②〜⑤の
　　□にかきましょう。

まとめ　〔　全体　熱せられたところ　〕から選んで（　）にかきましょう。

●金ぞくは、①（　　　　　　　　　）から順にあたたまり、やがて②（　　　　　　　　　）が
あたたまる。

 **わくわくたんてい団**　フライパンは、鉄やどうなどの金ぞくでできていることが多いです。これは、金ぞくがあ
たたまりやすく、高温に強いからです。あたたまりやすさは、金ぞくによってもちがいます。

勉強した日 ▶ 　　月　　日

できた数

／5問中

おわったら
シールを
はろう

教科書 134〜138ページ　答え 19ページ

1 右の図のように金ぞくのぼうにし温インクをぬって熱する実験をしました。

金ぞくのぼうはどのようにあたたまりますか。あたたまる向きを表す矢印が正しいほうに〇をつけましょう。

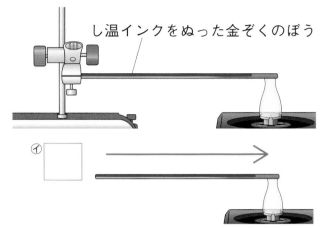

し温インクをぬった金ぞくのぼう

ア ◻ ⟵

イ ◻ ⟶

2 次の図のように、し温インクをぬった正方形の金ぞくの板を2まい用意して、それぞれの⊗のところを熱しました。あとの問いに答えましょう。

し温インクをぬった
正方形の金ぞくの板

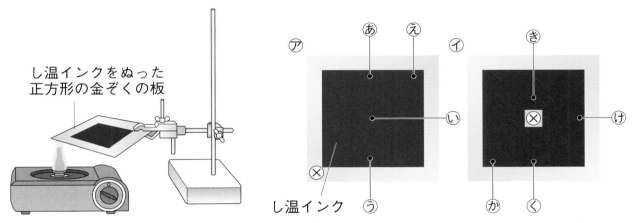

し温インク

(1) ㋐の⊗のところを熱したとき、㋐〜㋐のところのし温インクの色は、どのような順で変わりますか。　　　（　　　　→　　　　→　　　　→　　　　）

(2) ㋑の⊗のところを熱したとき、し温インクの色がいちばんはやく変わるのは、㋕〜㋚のどこですか。　　　　　　　　　　　　　（　　　　　　　）

(3) ㋑の⊗のところを熱したとき、し温インクの色がほとんど同時に変わったのは、㋕〜㋚のどことどこですか。　　　　　　　　（　　　　と　　　　）

(4) 金ぞくの板はどのようにあたたまりますか。下の㋒、㋓から選びましょう。ただし、⊗は熱したところ、‐‐‐➤はあたたまり方を表しています。　（　　　）

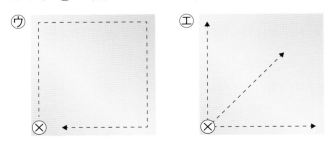

金ぞくは、熱せられたところから順にあたたまるよ。

67

もくひょう
空気のあたたまり方を、けむりの動き方などを通してたしかめよう。

おわったらシールをはろう

2　空気のあたたまり方

きほんのワーク

教科書 139〜141ページ　答え 19ページ

図を見て、あとの問いに答えましょう。

1 空気のあたたまり方

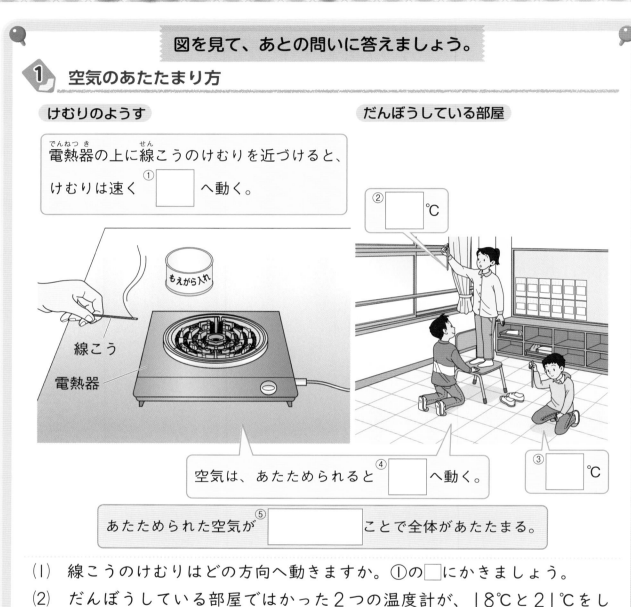

けむりのようす

電熱器の上に線こうのけむりを近づけると、けむりは速く ① □ へ動く。

もえがら入れ

線こう

電熱器

だんぼうしている部屋

② □ ℃

③ □ ℃

空気は、あたためられると ④ □ へ動く。

あたためられた空気が ⑤ □ ことで全体があたたまる。

(1)　線こうのけむりはどの方向へ動きますか。①の□にかきましょう。

(2)　だんぼうしている部屋ではかった2つの温度計が、18℃と21℃をしめしています。図の②、③は、それぞれ何℃ですか。□にかきましょう。

(3)　空気のあたたまり方について、④、⑤の□に当てはまる言葉をかきましょう。

まとめ　〔　動きながら　上　〕から選んで（　）にかきましょう。

● あたためられた空気は、①（　　　　　　）へと動く。
● 空気は、②（　　　　　　）全体があたたまる。

熱気球は、熱せられた空気が上の方へ動くことを利用しています。熱するのをやめると、空気が冷えてゆっくりと下がります。

練習のワーク

教科書 139～141ページ　答え 19ページ

できた数　/7問中

おわったらシールをはろう

1 次の図のように、ヒーターを使って、部屋をあたためます。あとの問いに答えましょう。

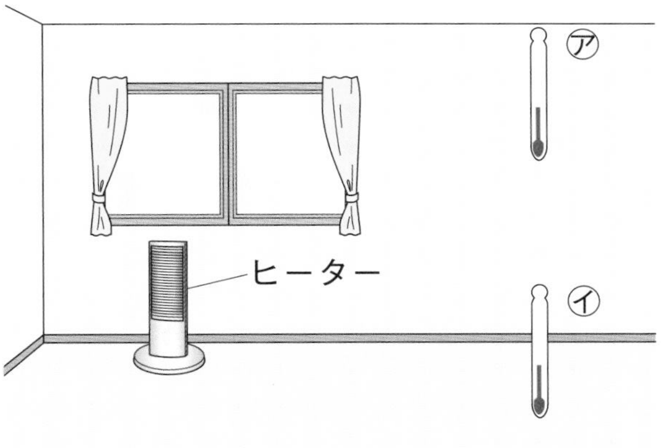

(1) ヒーターであたためられた空気は、どのように動きますか。ア～ウから選びましょう。（　　）

ア 上に動く。　イ 下に動く。　ウ 動かない。

(2) 右の図の㋐、㋑の２か所で空気の温度をはかったとき、温度が高いのはどちらですか。（　　）

(3) 空気のあたたまり方について、次の文の（　）に当てはまる言葉をかきましょう。

あたためられた空気は①（　　　）に動く。空気は動きながら②（　　　）があたたまっていく。

(4) (3)のせいしつを利用しているものは、ア～ウのどれですか。（　　）

ア ロケット　イ 熱気球　ウ 風船

2 右の図のように、氷を入れたふくろに線こうのけむりを近づけると、線こうのけむりが矢印のように動きました。次の問いに答えましょう。

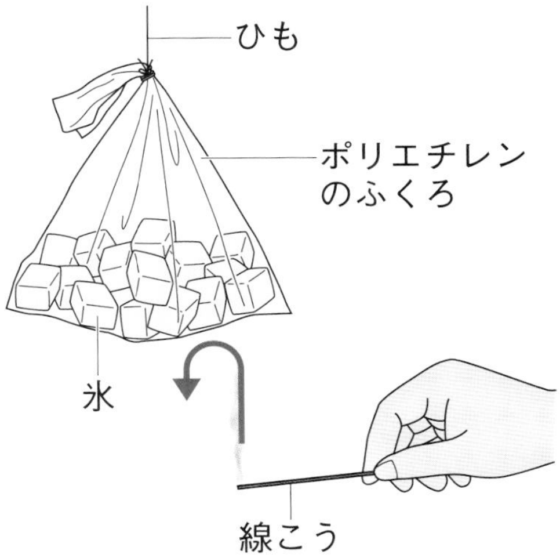

(1) ふくろのまわりの空気の温度は、まわりにくらべてどうなっていますか。（　　　）

(2) 冷やされた空気はどのように動くといえますか。（　　　）

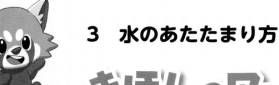

3 水のあたたまり方

きほんのワーク

もくひょう
ビーカーや試験管の中の水のあたたまり方について学ぼう。

おわったらシールをはろう

教科書 142〜147ページ
答え 19ページ

図を見て、あとの問いに答えましょう。

① 水のあたたまり方

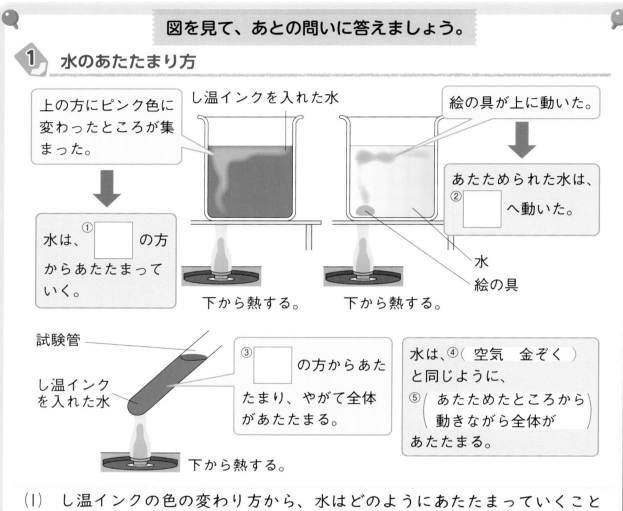

上の方にピンク色に変わったところが集まった。

し温インクを入れた水

絵の具が上に動いた。

水は、①□の方からあたたまっていく。

あたためられた水は、②□へ動いた。

下から熱する。

下から熱する。

水

絵の具

試験管

し温インクを入れた水

③□の方からあたたまり、やがて全体があたたまる。

下から熱する。

水は、④(空気　金ぞく)と同じように、⑤(あたためたところから動きながら全体があたたまる。)

(1) し温インクの色の変わり方から、水はどのようにあたたまっていくことがわかりますか。①の□にかきましょう。

(2) 絵の具が上に動いたことから、あたためられた水はどう動いたことがわかりますか。②の□にかきましょう。

(3) 試験管を下から熱したとき、試験管の中の水はどのようにあたたまりますか。③の□にかきましょう。

(4) ④、⑤の( )のうち、正しいほうを◯でかこみましょう。

まとめ 〔 動く　上 〕から選んで( )にかきましょう。

● あたためられた水は、①( )へと動く。

● あたためられた水が②( )ことで、全体があたたまる。

おふろの湯をあたためると、上の方は熱くなっているのに、下の方がぬるいことがあります。あたためられた水(湯)は上の方へ動くので、入る前に湯をまぜておくとよいです。

練習のワーク

教科書 142〜147ページ　答え 19ページ

できた数

／6問中

おわったら
シールを
はろう

勉強した日　月　日

1 　右の図のように、し温インクを入れた水を熱し、し温インクの色の変わり方から、水がどのようにあたたまるかを調べました。次の問いに答えましょう。

し温インクを入れた水

ビーカー

㋐

㋑

ビーカーのはしを
熱する。

(1) 　㋐と㋑では、どちらが先にあたたまりますか。　　　　　　（　　　　　　）

(2) 　ビーカーを熱し続けると、やがて全体の色が変わりますか、変わりませんか。

（　　　　　　　　　）

2 　右の図のように、ビーカーの底に絵の具を入れて、ビーカーの底のはしを熱すると、しばらくして、絵の具が動き始めました。次の問いに答えましょう。

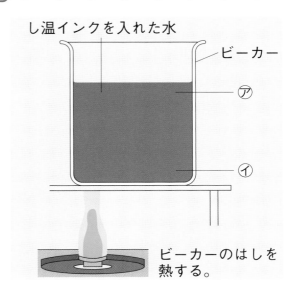

絵の具

(1) 　絵の具を入れるのは、何をわかりやすくするためですか。正しいほうに〇をつけましょう。

①（　　　　）水の体積の変わり方

②（　　　　）水の動き方

(2) 　絵の具は、どのように動きましたか。右の㋐〜㋘のうち、正しいものに〇をつけましょう。

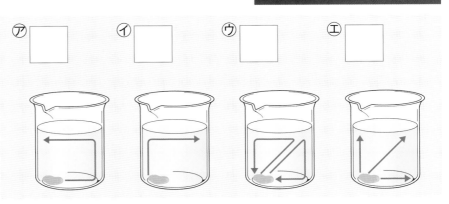

㋐　　　　㋑　　　　㋒　　　　㋓

(3) 　水のあたたまり方として、正しいものに〇をつけましょう。

①（　　　　）あたためられた水が上へ動き、やがて全体があたたまる。

②（　　　　）熱せられたところに近い、下の方から全体があたたまる。

③（　　　　）あたためられた水が、横の方へ動き、下の方だけがあたたまる。

(4) 　水のあたたまり方は、金ぞくと同じですか、ちがいますか。（　　　　　　　　　）

まとめのテスト

10　物のあたたまり方

とく点　/100点

おわったらシールをはろう

時間 20分

教科書 134～147ページ　答え 20ページ

よく出る **1 金ぞくのあたたまり方** 次の図の㋐のようにして、し温インクをぬった正方形の金ぞくの板を熱しました。㋑は、し温インクをぬった板を上から見たものです。あとの問いに答えましょう。

1つ7〔35点〕

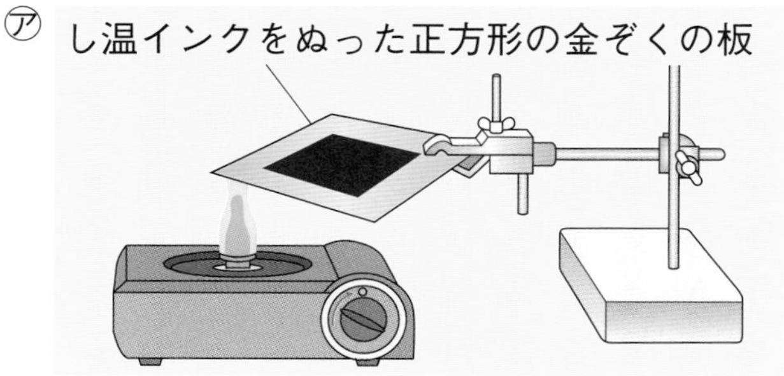

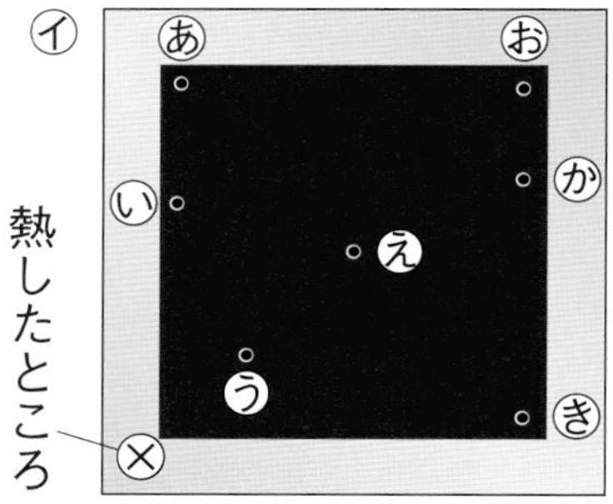

(1)　し温インクをぬるのはなぜですか。正しいものに○をつけましょう。

①(　　　)金ぞくの板がもえないようにするため。

②(　　　)し温インクの色の変わり方であたたまり方をわかりやすくするため。

③(　　　)し温インクの光り方であたたまり方をわかりやすくするため。

(2)　次の①～③に当てはまる部分を、㋑の[あ]～[き]から選び、記号をかきましょう。

①最初(さいしょ)にインクの色が変わった部分　(　　　)

②最後(さいご)にインクの色が変わった部分　(　　　)

③[あ]の部分とほぼ同時に、インクの色が変わった部分　(　　　)

(3)　金ぞくのあたたまり方として、正しいものに○をつけましょう。

①(　　　)熱したところに遠い部分から、順にあたたまる。

②(　　　)熱したところに近い部分から、順にあたたまる。

③(　　　)熱したところからのきょりに関係なく、いちどに全体があたたまる。

チャレンジ! **2 水をあたためたとき** 右の図の㋐、㋑のように、し温インクを入れた水を熱し、水のあたたまり方を調べました。次の問いに答えましょう。

1つ6〔12点〕

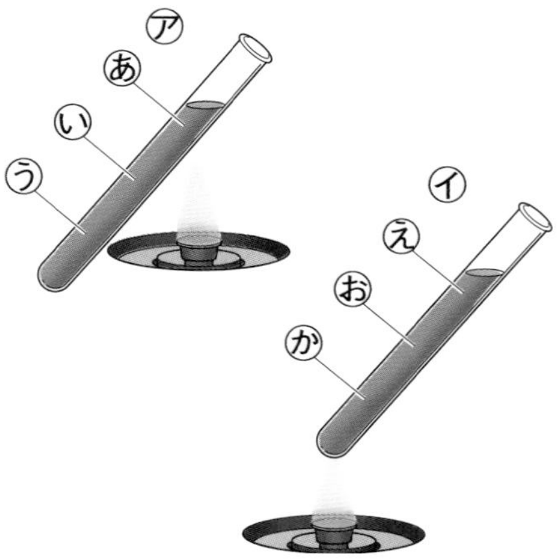

(1)　㋐で、最初にし温インクを入れた水の色が変わるのは、[あ]～[う]のどこですか。　(　　　)

(2)　㋑で、最後にし温インクを入れた水の色が変わるのは、[え]～[か]のどこですか。　(　　　)

3 水のあたたまり方 右の図のようにして、ビーカーに入れた水を熱し、水のあたたまり方を調べました。次の問いに答えましょう。

1つ8〔32点〕

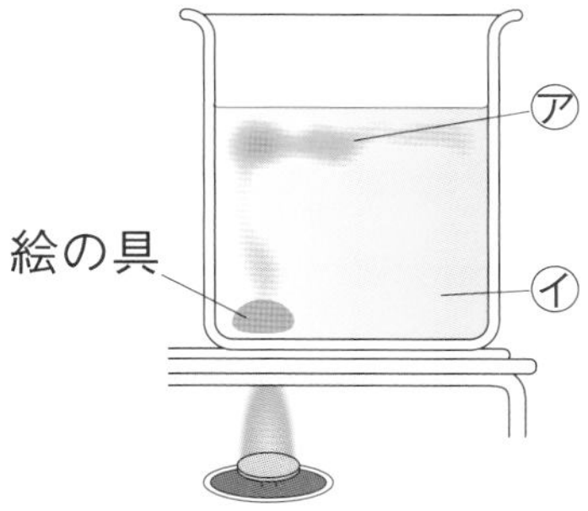

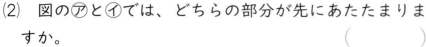

[述] (1) ビーカーの中に絵の具が入れてあるのは、なぜですか。

(   )

(2) 図の㋐と㋑では、どちらの部分が先にあたたまりますか。 (   )

(3) 次の文は、水のあたたまり方についてかいたものです。( )に当てはまる言葉を、下の〔 〕から選んでかきましょう。

水は、①(   )と同じように、あたためられると②(   )に動き、やがて全体があたたまる。

〔 上　下　空気　金ぞく 〕

4 空気のあたたまり方 右の図のようにして、ヒーターでだんぼうしている部屋の空気のあたたまり方を調べました。次の問いに答えましょう。

1つ7〔21点〕

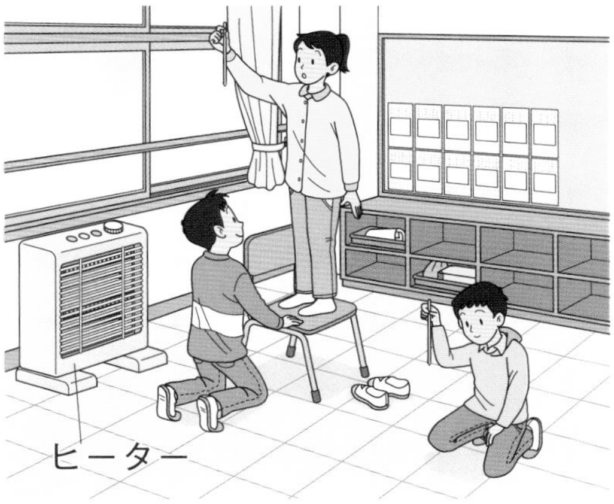

(1) ゆかの近くと、部屋の高いところの温度をくらべると、温度が高いのはどちらですか。

(   )

(2) 次の㋐～㋒のうち、ヒーターのまわりの空気の動きを正しく表しているものは、どれですか。 (   )

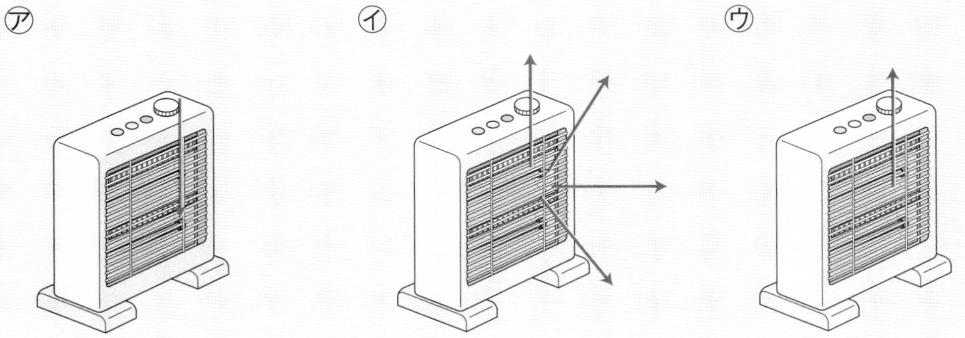

(3) 空気のあたたまり方と、金ぞくや水のあたたまり方をくらべると、どのようなことがいえますか。正しいものに○をつけましょう。

①(   )空気のあたたまり方は、金ぞくとにている。

②(   )空気のあたたまり方は、水とにている。

③(   )空気のあたたまり方は、金ぞくや水とはまったくちがう。

冬の星

もくひょう
冬の夜空を観察し、目立つ星ざや星について学ぼう。

おわったらシールをはろう

きほんのワーク

教科書 148〜151ページ　　答え 20ページ

図を見て、あとの問いに答えましょう。

1 冬の星

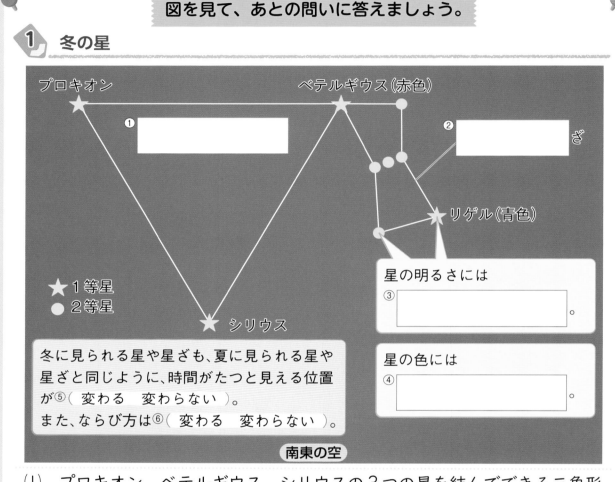

プロキオン　　　　　ベテルギウス(赤色)

①

② 　　　　　ざ

リゲル(青色)

★ 1等星
● 2等星

シリウス

冬に見られる星や星ざも、夏に見られる星や星ざと同じように、時間がたつと見える位置が⑤(変わる　変わらない)。
また、ならび方は⑥(変わる　変わらない)。

星の明るさには
③ 　　　　　　　　　　。

星の色には
④ 　　　　　　　　　　。

南東の空

(1) プロキオン、ベテルギウス、シリウスの3つの星を結んでできる三角形を何といいますか。①の□にかきましょう。

(2) 星ざの名前を、②の□にかきましょう。

(3) 冬に見られる星の明るさや色にはちがいがありますか、ありませんか。③、④の□にかきましょう。

(4) 時間がたつと、星や星ざの見える位置やならび方は変わりますか、変わりませんか。⑤、⑥の( )のうち、正しいほうを◯でかこみましょう。

まとめ 〔 ちがいがある　位置　ならび方 〕から選んで( )にかきましょう。

● 冬の星も、色や明るさに①(　　　　　　　　)。また、時間がたつと、見える
②(　　　　　　)は変わるが、③(　　　　　　)は変わらない。

  オリオンざのベテルギウスは、近いうちにばく発して、なくなるのではないかと、注目を集めています。

勉強した日　　月　　日

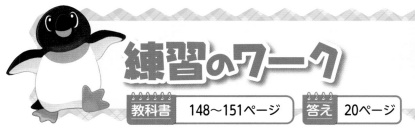

練習のワーク

[教科書] 148〜151ページ　[答え] 20ページ

できた数　　/9問中

おわったらシールをはろう

1 冬の夜空に見られる星や星ざを観察しました。あとの問いに答えましょう。

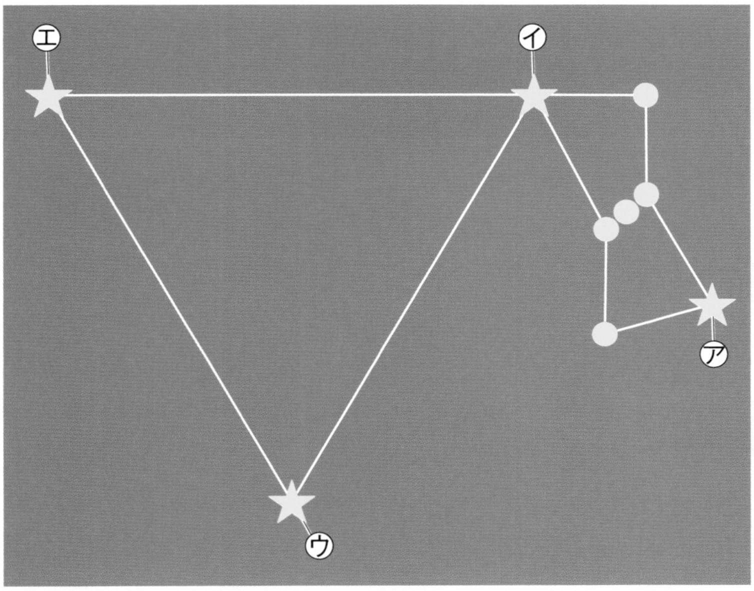

星の見つけ方を知っていると、星ざ早見がなくても星ざを見つけることができるよ。星の見つけ方は、ほかにもいろいろあるよ。

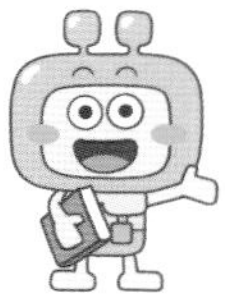

(1) 上の図の㋐〜㋓のうち、次の①〜④に当てはまる星の名前を、下の〔　〕から選んでかきましょう。

① オリオンざの3つならんだ星の右下にある1等星㋐
(　　　　　　　　)

② オリオンざの3つならんだ星の左上にある1等星㋑
(　　　　　　　　)

③ オリオンざの3つならんだ星を結んだ直線を左下にのばしたところにある1等星㋒
(　　　　　　　　)

④ ㋑と㋒を結ぶ線を中心に、㋐と反対側にある1等星㋓
(　　　　　　　　)

〔 プロキオン　アルデバラン　ベテルギウス
プレアデス星だん　シリウス　リゲル 〕

(2) ㋑、㋒、㋓を結んだ三角形を、何といいますか。
(　　　　　　　　)

(3) これらの星や星ざが見える位置とならび方は、それぞれ時間がたつと変わりますか、変わらないですか。

見える位置(　　　　　　)　ならび方(　　　　　　)

(4) 冬の夜空に見られる星の明るさや色には、それぞれちがいがありますか、ありませんか。　明るさ(　　　　　　)　色(　　　　　　)

1 植物や動物のようす①

もくひょう
寒くなると、植物のようすがどのようになるのかかくにんしよう。

おわったらシールをはろう

きほんのワーク

教科書 152〜155ページ　答え 21ページ

図を見て、あとの問いに答えましょう。

1 冬の植物のようす

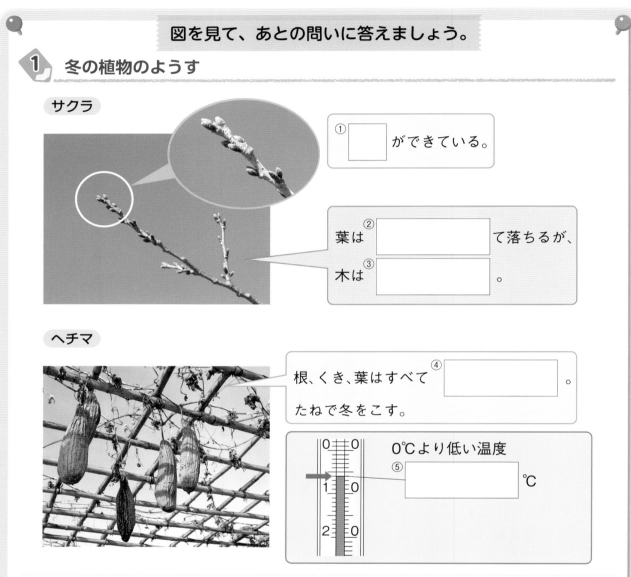

サクラ

①[　　] ができている。

葉は ②[　　　　　　] て落ちるが、

木は ③[　　　　　] 。

ヘチマ

根、くき、葉はすべて ④[　　　　　] 。
たねで冬をこす。

0℃より低い温度

⑤[　　　　] ℃

(1) サクラのえだには、何ができていますか。①の□にかきましょう。

(2) サクラやヘチマは、かれますか、かれませんか。②〜④の□□□にかきましょう。

(3) 温度計がしめす気温は何度ですか。⑤の□□にかきましょう。

まとめ　〔 たね　かれず　かれる 〕から選んで（　）にかきましょう。

● サクラは葉が①（　　　　　）が、木は②（　　　　　）に芽をつけて冬をこす。

● ヘチマは、根、葉、くきはすべてかれ、③（　　　　　）を残す。

わくわくたんてい団　道路の横に植えられている木の多くは、冬に葉を落とす木です。このような木を植えると夏にはたくさんの葉で日かげができ、冬には葉が落ちて日光が当たるようになります。

練習のワーク

教科書　152〜155ページ　　答え　21ページ

できた数

／10問中

おわったら
シールを
はろう

1　右の図は、寒くなったころのヘチマのようすです。このころのヘチマについて、次の問いに答えましょう。

(1)　寒くなるころ、ヘチマの葉、くき、根はかれていますか、かれていませんか。

①葉　　　　　（　　　　　　　　）

②くき　　　　（　　　　　　　　）

③根　　　　　（　　　　　　　　）

(2)　ヘチマの実は、何色になっていますか。正しいものに○をつけましょう。

①（　　　　）茶色

②（　　　　）緑色

③（　　　　）青色

(3)　ヘチマはどのようなすがたで冬をこしますか。正しいものに○をつけましょう。

①（　　　　）緑色の実　　②（　　　　）子葉　　③（　　　　）たね

2　右の図は、寒くなったころのサクラのようすです。このころのサクラについて、次の問いに答えましょう。

(1)　寒くなると、サクラの葉、えだ、根はかれますか、かれませんか。

①葉　　　　　　　　（　　　　　　　　）

②えだ　　　　　　　（　　　　　　　　）

③根　　　　　　　　（　　　　　　　　）

(2)　サクラのえだには、図のあのようなものができています。あを何といいますか。

（　　　　　　　　）

(3)　あは、秋のころとくらべてどうなっていますか。正しいものに○をつけましょう。

①（　　　　）少し小さくなっている。

②（　　　　）少し大きくなっている。

③（　　　　）まったく変化していない。

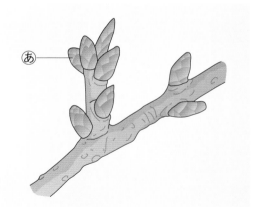

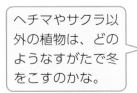
ヘチマやサクラ以外の植物は、どのようなすがたで冬をこすのかな。

1　植物や動物のようす②
2　記録の整理

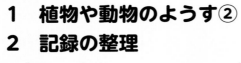
きほんのワーク

もくひょう
寒くなると、動物の活動がどのように変わるのかかくにんしよう。

おわったらシールをはろう

教科書 152〜157ページ　　答え 21ページ

図を見て、あとの問いに答えましょう。

1 冬の動物のようす

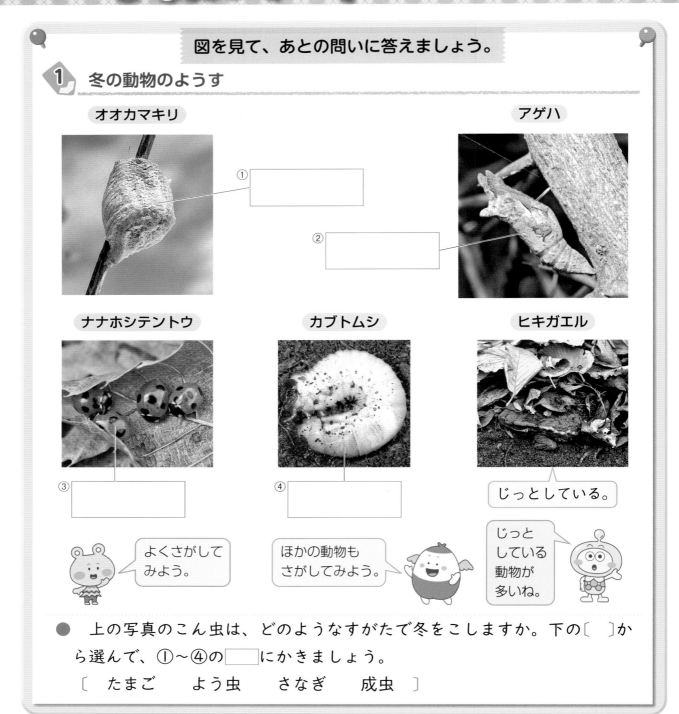

オオカマキリ

アゲハ

①

②

ナナホシテントウ

カブトムシ

ヒキガエル

③

④

じっとしている。

よくさがしてみよう。

ほかの動物もさがしてみよう。

じっとしている動物が多いね。

● 　上の写真のこん虫は、どのようなすがたで冬をこしますか。下の〔　〕から選んで、①〜④の□□にかきましょう。

〔　たまご　　よう虫　　さなぎ　　成虫　〕

まとめ　〔　冬をこす　少なく　〕から選んで（　）にかきましょう。

● 寒くなると、見られる動物は①（　　　　　　　）なる。

● 動物は、いろいろなすがたで寒い②（　　　　　　　　　）。

わくわくたんてい団

冬のマツの木に、わらがまかれていることがあります。これは、マツにすむ害虫に、わらの中で冬をこさせ、春になる前に害虫のついたわらをはずし、害虫をたいじするためです。

練習のワーク

勉強した日　月　日

できた数

／12問中

おわったら
シールを
はろう

教科書　152〜157ページ　答え　21ページ

1 右の図は、いろいろなこん虫が冬をこすときのようすを表しています。次の問いに答えましょう。

(1) ㋐〜㋓の虫の名前を、下の〔　〕から選んでかきましょう。

㋐（　　　　　　　） ㋑（　　　　　　　）

㋒（　　　　　　　） ㋓（　　　　　　　）

〔　アゲハ　ナナホシテントウ
　オオカマキリ　カブトムシ　〕

(2) ㋐〜㋓の虫は、何というすがたで冬をこしていますか。たまご、よう虫、さなぎ、成虫の中から選んでかきましょう。

㋐（　　　　　　　） ㋑（　　　　　　　）

㋒（　　　　　　　） ㋓（　　　　　　　）

㋐

㋑

㋒

㋓

2 右の図は、ツバメのわたりのコースを表しています。次の問いに答えましょう。

(1) ツバメが日本にやってくるのは、どの季節ですか。

（　　　　　　　）

(2) ツバメが日本からいなくなるのは、どの季節ですか。

（　　　　　　　）

(3) (2)の季節から冬の間、ツバメはどこですごしますか。正しいものに〇をつけましょう。

①（　　　）日本より北の国

②（　　　）日本より南の国

③（　　　）日本より東の海

(4) 冬の間にツバメがすごすところは、寒いですか、あたたかいですか。

（　　　　　　　）

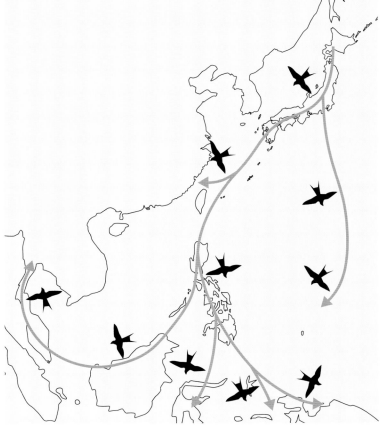

まとめのテスト

寒くなると

とく点

/100点

おわったら
シールを
はろう

教科書 152〜157ページ　答え 22ページ

時間 20分

1 冬の気温と植物のようす　右の図は、1月6日、13日、20日、27日の午前10時の気温を表したグラフです。次の問いに答えましょう。　　　1つ6〔24点〕

(1) 1月6日の気温は何度ですか。

(　　　　　　　)

(2) 4日間のうち、いちばん気温が低かったのは、1月何日ですか。　　(　　　　　　　)

(3) 下の図の㋐〜㋑のうち、このころのサクラのようすを表しているものはどれですか。(　　　)

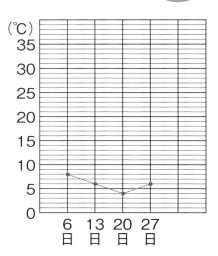

㋐
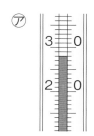

㋑
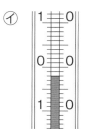

㋒
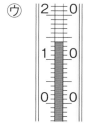

㋓
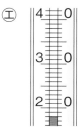

(4) 次の文は、サクラについてかいたものです。正しいほうに○をつけましょう。

①(　　　)寒くなると、葉はかれ落ちるが、木がかれたわけではなく、えだには新しい芽ができていて、春にはふたたび成長を始める。

②(　　　)寒くなると、葉もくきも根もかれるが、たくさんのたねを残し、たねで冬をこす。

2 冬の気温　次の図は、春、夏、秋、冬の同じ時こくの気温をはかったときのようすをしめしています。あとの問いに答えましょう。　　　1つ5〔15点〕

㋐

㋑

㋒

㋓

(1) ㋐〜㋓で、冬の気温をしめしているのはどれですか。　　　　(　　　　　　　)

(2) ㋑の温度計がしめしている気温の読み方とかき方を答えましょう。

読み方(　　　　　　　)　かき方(　　　　　　　)

3 こん虫の冬のようす 次の図は、いろいろなこん虫の冬のようすを表しています。あとの問いに答えましょう。

1つ5〔25点〕

㋐

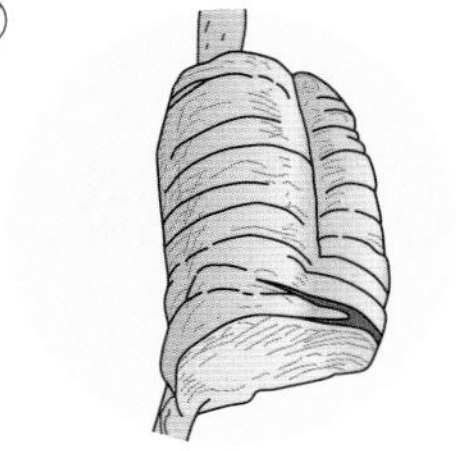

㋑

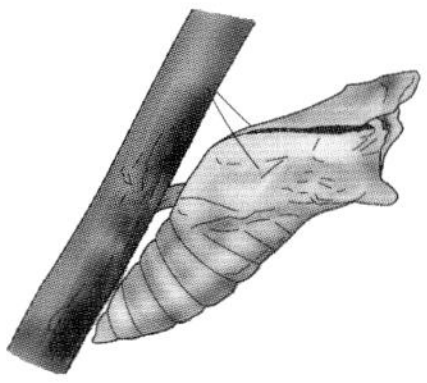

㋒

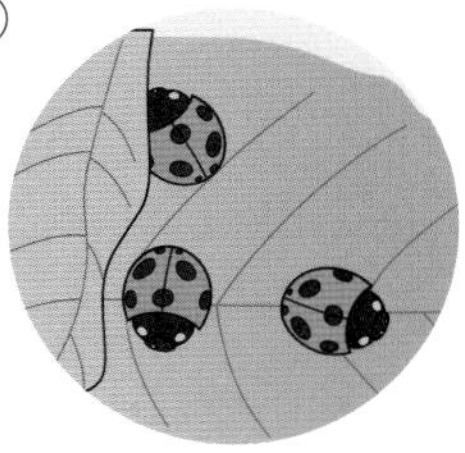

(1) オオカマキリのたまごは、図の㋐～㋒のどれですか。（　　　）

(2) オオカマキリは、どこにたまごをうみますか。正しいものに○をつけましょう。

①(　　　)水の中

②(　　　)土の中

③(　　　)植物のくき

(3) アゲハが冬をこすすがたを何といいますか。

（　　　　　　）

(4) 冬になると、ナナホシテントウはすがたをよく見せますか、あまり見せませんか。（　　　　　　　　　）

(5) (4)のようになるのは、なぜですか。正しいものに○をつけましょう。

①(　　　)死んでしまうから。

②(　　　)寒くなると、あまり動かなくなるから。

③(　　　)南のほうへ飛び立っていくから。

4 生き物の冬のようす 生き物の冬のようすを調べました。正しいものには○、まちがっているものには×をつけましょう。

1つ6〔36点〕

①(　　　)ヘチマの葉、くき、根、実はすべてかれたが、かれた実の中にたねがたくさんできている。

②(　　　)土の中にヒキガエルがいて、動かないでじっとしていた。

③(　　　)家ののき下につくられた巣で、親のツバメがひな(子ども)に食べ物をあたえていた。

④(　　　)ヘチマのくきがよくのびて、葉もふえた。黄色い花がいくつもさいていた。

⑤(　　　)たまごからかえったオオカマキリのたくさんのよう虫が、植物のくきの上をならんで歩いていた。

⑥(　　　)ツバメの子は大きく育ったが、まだ食べ物をじょうずにとれないので、親ツバメから食べ物をもらっていた。

1 水を熱したとき

きほんのワーク

図を見て、あとの問いに答えましょう。

1 水を熱したとき

水を熱する

ぼう温度計
ふっとう石（せき）
水

水の温度の上がり方

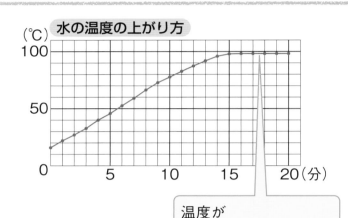

（℃）
100
50
0
5　10　15　20（分）

温度が
①（ 上がっている
下がっている
変わっていない ）。

熱し始めてから15分後

あわがさかんに出る。

②□
（白いけむりのようなもの）が出てくる。

水を熱すると、温度が上がり、
③□℃近くで中からさかんにあわを出す。
これを④□という。

(1) 温度について、①の（ ）のうち、正しいものを◯でかこみましょう。

(2) 水を熱して出てくる②を何といいますか。□にかきましょう。

(3) ③、④の□に当てはまる数字や言葉をかきましょう。

まとめ 〔 ふっとう　上がらない　100℃ 〕から選んで（ ）にかきましょう。

● 水が①（　　　　　）近くで中からさかんにあわが出ることを、②（　　　　　）という。

● 水はふっとうしている間、温度が③（　　　　　　　　　）。

わくわくたんてい団　高い山の上で水を熱すると、水が100℃になる前にふっとうしてしまいます。例（たと）えば、富士山の上では、水は、90℃になる前に、ふっとうしてしまいます。

勉強した日 ▶ 　月　日

できた数

／6問中

おわったら
シールを
はろう

教科書 158〜162ページ　答え 23ページ

1 図1のような実験そう置で、水を熱したときの温度の上がり方を調べ、図2のように折れ線グラフに表しました。あとの問いに答えましょう。

図1

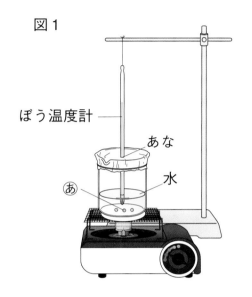

ぼう温度計
あな
あ
水

図2

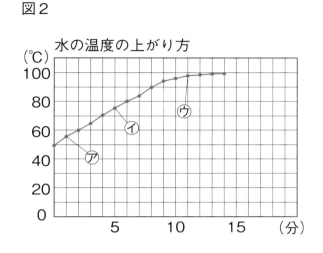

水の温度の上がり方

(1) 熱い湯がふき出すのをふせぐために水に入れておくあを何といいますか。

（　　　　　）

(2) 水の中からさかんにあわが出るのは、㋐〜㋒のどのときですか。　（　　　　　）

(3) 水は、何度近くになると(2)のようになりますか。　（　　　　　）

(4) さかんにあわが出ているとき、温度計をさしこんでいるあなのすき間から、白いけむりのようなものが出てきました。これを何といいますか。

（　　　　　）

(5) 実験後の水の量は、実験前とくらべて、どうなっていますか。

（　　　　　）

(6) この後、水が残っている間、水を熱し続けたときの温度をグラフに表すとどのようになりますか。次の㋕〜㋔から選びましょう。　（　　　　　）

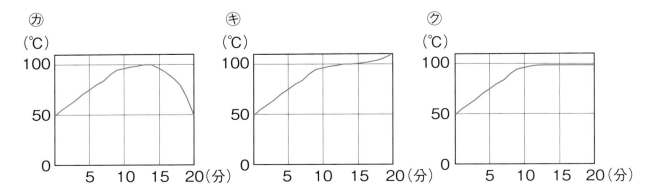

勉強した日 ▶ 　月　　日

もくひょう

湯気とあわの正体、水の3つのすがたをかくにんしよう。

おわったらシールをはろう

2　湯気とあわの正体

きほんのワーク

教科書　163〜167ページ　　答え　23ページ

図を見て、あとの問いに答えましょう。

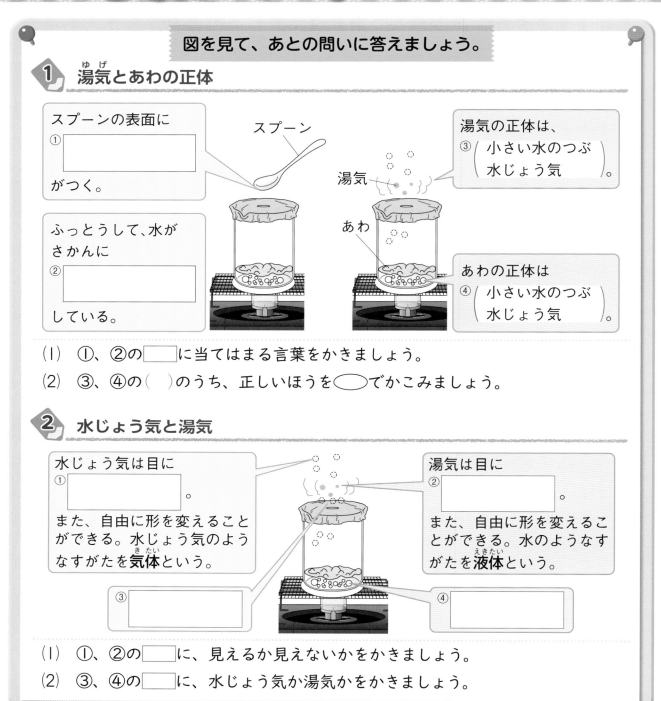

① 湯気とあわの正体

スプーンの表面に
①
がつく。

スプーン

湯気

湯気の正体は、
③（ 小さい水のつぶ　水じょう気 ）。

あわ

ふっとうして、水がさかんに
②
している。

あわの正体は
④（ 小さい水のつぶ　水じょう気 ）。

(1)　①、②の□□に当てはまる言葉をかきましょう。

(2)　③、④の（　）のうち、正しいほうを◯でかこみましょう。

② 水じょう気と湯気

水じょう気は目に
①
。
また、自由に形を変えることができる。水じょう気のようなすがたを**気体**という。

湯気は目に
②
。
また、自由に形を変えることができる。水のようなすがたを**液体**という。

③

④

(1)　①、②の□□に、見えるか見えないかをかきましょう。

(2)　③、④の□□に、水じょう気か湯気かをかきましょう。

まとめ　〔　水じょう気　湯気　じょう発　〕から選んで（　）にかきましょう。

● 水を熱すると①（　　　　　　　）して目に見えない②（　　　　　　　）と目に見える
　③（　　　　　　　）が出てくる。

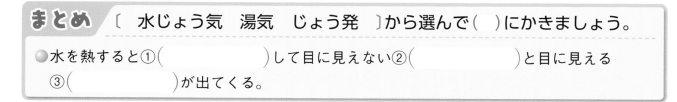

水が水じょう気になると、体積はおよそ1700倍になります。水をわかしたなべのふたがもち上がるのも、体積が大きくなるからです。

勉強した日　月　日

できた数

/9問中

おわったら
シールを
はろう

教科書 163〜167ページ　答え 23ページ

1 右の図のようにして、水を熱したときに出てくるあわをポリエチレンのふくろに集めました。次の問いに答えましょう。

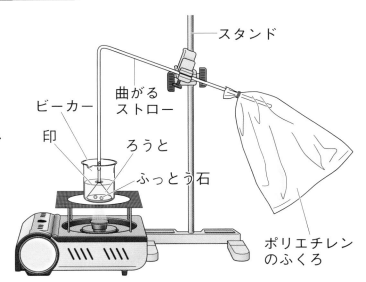

スタンド

曲がる
ストロー

ビーカー

印

ろうと

ふっとう石

ポリエチレン
のふくろ

(1) 図のようにしてあわを集めると、ふくろには何がたまりますか。

（　　　　　　）

(2) しばらく熱すると、ふくろにたまった物の量はどうなりますか。

（　　　　　　）

(3) この実験からわかることをまとめました。次の文の（　）に当てはまる言葉を、下の〔　〕から選んでかきましょう。

　　水を熱したときに出てくるあわは、水が①（　　　　　）体にすがたを変えたもので、②（　　　　　　　　）という。ふくろにたまったのは、これが③（　　　　　　　）て水にもどったものである。

〔 液　気　固　湯気　水じょう気　冷やされ　あたためられ 〕

(4) この実験後、ビーカーの水の量は、実験前とくらべてふえていますか、へっていますか。

（　　　　　　　　　　　　）

2 右の図はやかんでお湯をわかしたようすです。次の問いに答えましょう。

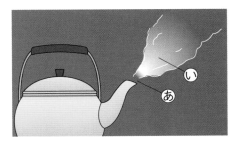

(1) ふっとうすると、やかんの口から水じょう気が出てきました。水じょう気は、右の図の⑧、⑩のどちらですか。

（　　　　　）

(2) 水じょう気と湯気について、正しいもの2つに〇をつけましょう。

①（　　）水がじょう発して、目に見えないすがたになったものが水じょう気です。

②（　　）水がじょう発して、目に見えないすがたになったものが湯気です。

③（　　）水じょう気は目に見える水の小さいつぶです。

④（　　）湯気は目に見える水の小さいつぶです。

もくひょう・
水を冷やすと、どのようになるのかをかくにんしよう。

おわったら
シールを
はろう

3　水を冷やしたとき

きほんのワーク

教科書 168〜173ページ　答え 23ページ

図を見て、あとの問いに答えましょう。

1 水を冷やしたとき／水の３つのすがた

水を冷やす

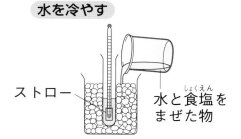

ストロー　水と食塩をまぜた物

水を冷やしたときの温度

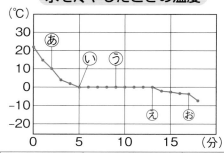

体積の変化

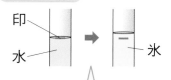

印　水　氷

水が氷になるとき、体積は⑤[　　　]なる。

水のようす	グラフの記号	温度計の温度
こおり始めた。	①	③
すべてこおった。	②	④

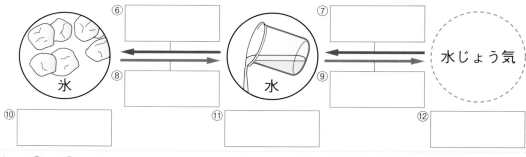

氷　⑥[　　]　⑦[　　]　水じょう気
⑧[　　]　⑨[　　]
⑩[　　]　⑪[　　]　⑫[　　]

(1)　表の①、②に当てはまる記号を、グラフのあ〜おから選んでかきましょう。

(2)　表の③、④に当てはまる温度をかきましょう。

(3)　水が氷になるとき、体積はどうなりますか。⑤の[　]にかきましょう。

(4)　⑥〜⑨の[　]に、あたためるか冷やすかをかきましょう。

(5)　⑩〜⑫の[　]に、固体か液体か気体かをかきましょう。

まとめ　〔 大きく　固体　気体 〕から選んで（　）にかきましょう。

●水が氷になると、体積は①（　　　　　）なる。

●水には②（　　　　　）の水じょう気、液体の水、③（　　　　　）の氷のすがたがある。

氷に、水と食塩をまぜたものを加えると、温度がどんどん低くなり、冷とう庫と同じくらいの温度まで下がります。

練習のワーク

勉強した日 ▶ 月 日

できた数

／6問中

おわったら
シールを
はろう

教科書 168〜173ページ 答え 24ページ

1 右の図のように、水が氷になるときの水の温度やようすを調べる実験をしました。次の問いに答えましょう。

(1) ビーカーの中の温度を低くするために、㋐では、氷に何を加えますか。次のア、イから選びましょう。（　　　　　）

ア 水のみ

イ 水と食塩をまぜた物

(2) 水がこおり始めたときの温度は、何度ですか。次のア〜ウから選びましょう。（　　　　　）

ア −5℃　　イ 0℃　　ウ 5℃

(3) 水がすべてこおったときの温度は、何度ですか。次のア〜ウから選びましょう。（　　　　　）

ア −5℃　　イ 0℃　　ウ 5℃

(4) 水がすべてこおったとき、試験管のようすはどうなっていますか。右の㋐〜㋒から選びましょう。（　　　　　）

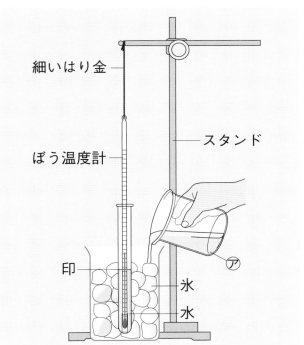

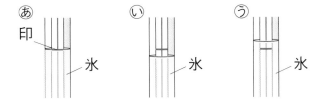

2 ジュースが入ったペットボトルのラベルを見ると、「こおらせないでください。」とかいてありました。こおらせてはいけないのはなぜですか。（　）に当てはまる言葉を、下の〔　〕から選んでかきましょう。

こおらせると、ジュースにふくまれている水の①（　　　　　　　　）が②（　　　　　　　　）なり、ペットボトルが内側からおされて形が変わり、こわれてしまうことがあるから。

〔　重さ　体積　大きく　小さく　〕

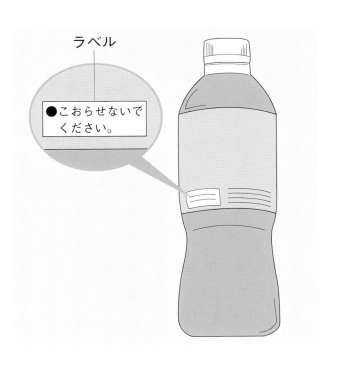

ラベル

●こおらせないでください。

勉強した日　月　日

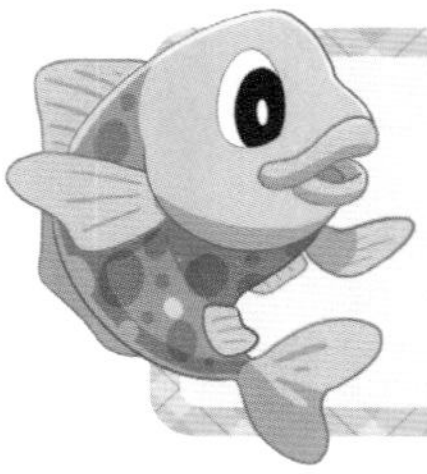

まとめのテスト

11　水のすがたと温度

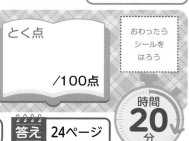

とく点　/100点

おわったら シールを はろう

時間 20分

教科書 158～173ページ　答え 24ページ

よく出る **1** 水を冷やしたとき　次の図のようにして、試験管の中の水を冷やし続け、そのときの温度の変わり方を折れ線グラフに表しました。あとの問いに答えましょう。

1つ6〔54点〕

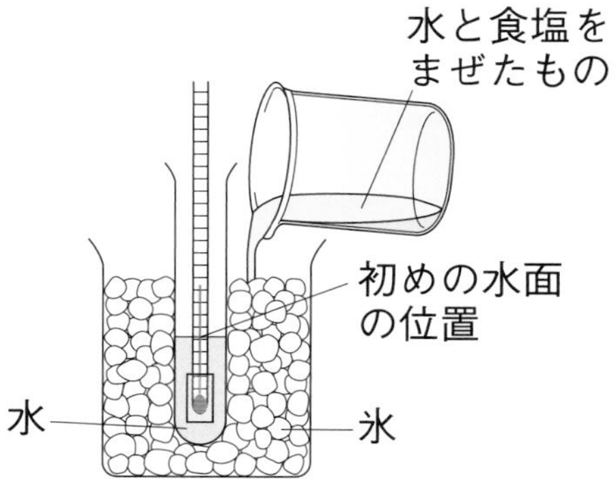
水と食塩を
まぜたもの
初めの水面
の位置
水
氷

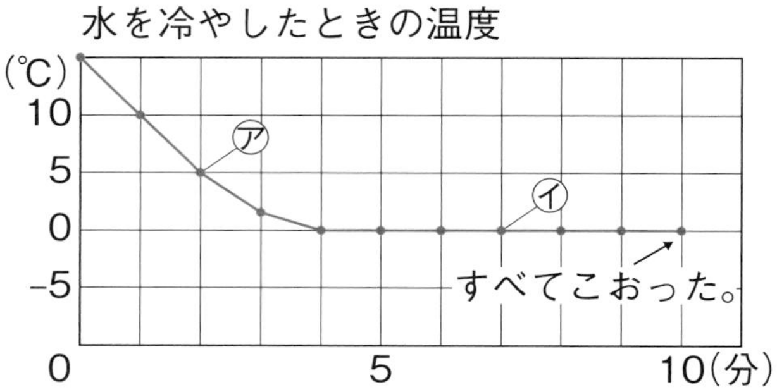
水を冷やしたときの温度
(℃)
10
5
0
−5
0
5
10(分)
㋐
㋑
すべてこおった。

(1)　水がこおり始めたときの温度は、何度ですか。（　　　　）

(2)　水がこおり始めてからすべて氷になるまで、何分かかりましたか。（　　　　）

(3)　水がこおり始めてからすべて氷になるまでの、水の温度の変わり方として、正しいものに○をつけましょう。

①（　　）しだいに上がっていく。

②（　　）しだいに下がっていく。

③（　　）変わらない。

(4)　グラフの㋐、㋑のときの試験管には何がふくまれていますか。次のア～ウからそれぞれ選びましょう。　㋐（　　）　㋑（　　）

ア　水だけ　　イ　水と氷　　ウ　氷だけ

(5)　水は液体で、冷やされると氷になります。氷は、水が何というすがたに変わったものですか。（　　　　）

(6)　試験管の中の水がすべてこおったときのようすはどのようになりますか。右の[あ]～[う]から正しいものを選びましょう。（　　）

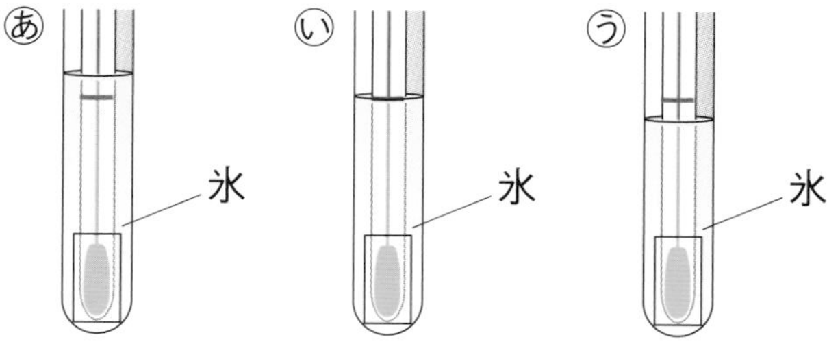
[あ]
[い]
[う]
氷
氷
氷

(7)　(6)から、水が氷になると、体積はどうなるとわかりますか。（　　　　）

(8)　水がすべてこおった後も、さらに冷やしていくと、氷の温度はどうなりますか。（　　　　）

2 水を熱したとき　次の図のように、水を熱し続けたときのようすを調べ、結果を折れ線グラフに表しました。あとの問いに答えましょう。

1つ5〔30点〕

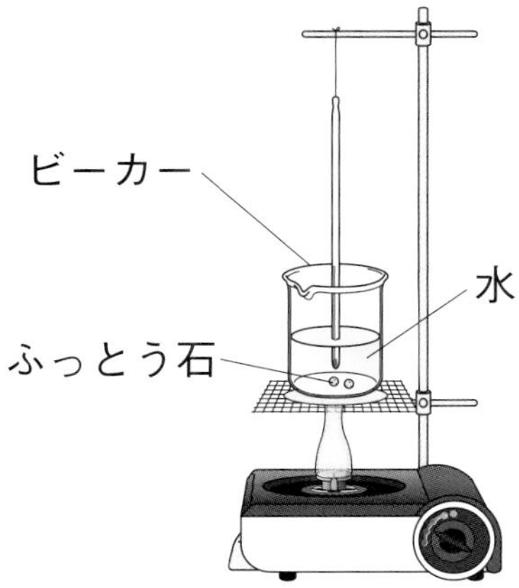

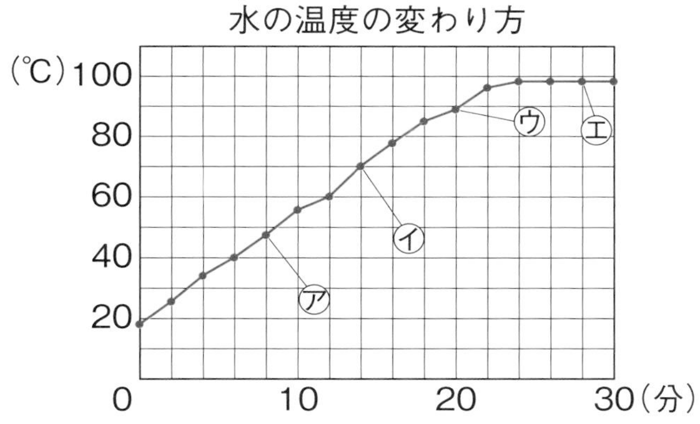

(1)　水の中にふっとう石を入れているのはなぜですか。

(　　　　　　　　　　　　　　　　　　　　　　　　)

(2)　水からさかんにあわが出ているのは、㋐〜㋓のどのときですか。　(　　　　)

(3)　(2)のように、さかんにあわが出てくることを何といいますか。

(　　　　　　)

(4)　(3)は、水の温度が何度近くになったときに起こりますか。

(　　　　　　)

(5)　(3)の後も、水を熱し続けると、温度はどうなりますか。次のア〜ウから選びましょう。　(　　　　)

ア　上がる。　　イ　下がる。　　ウ　変わらない。

(6)　熱し続けたとき、ビーカーの中の水の量はどうなりますか。

(　　　　　　)

3 水のすがた　右の図は、ビーカーに入れた水がふっとうしているときのようすを表しています。次の問いに答えましょう。

1つ4〔16点〕

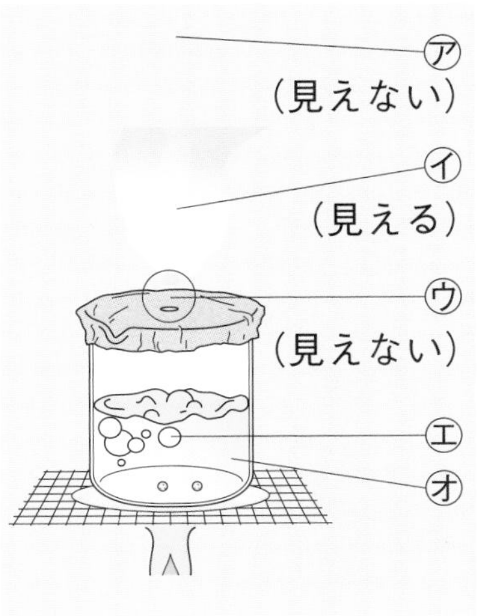

(1)　気体は、㋐〜㋔のどれですか。すべて選びましょう。

(　　　　　　)

(2)　液体は、㋐〜㋔のどれですか。すべて選びましょう。

(　　　　　　)

(3)　㋑のところに、スプーンを近づけると、スプーンに何がつきますか。　(　　　　　　)

(4)　湯気の説明として正しいものに○をつけましょう。

①(　　　)㋓のあわが熱せられてできたもの。

②(　　　)㋓のあわがふくらんでできたもの。

③(　　　)㋓のあわが冷やされてできたもの。

勉強した日　　月　　日

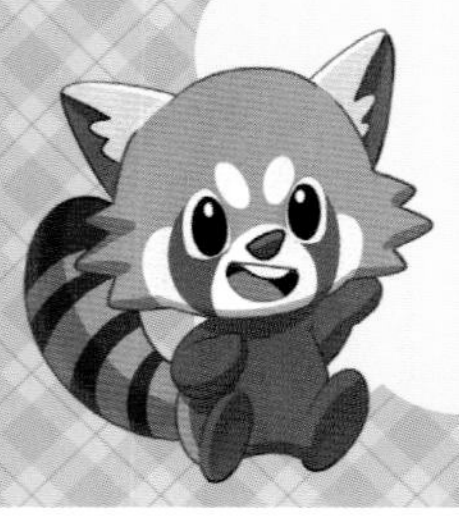

生き物の１年をふり返って

きほんのワーク

もくひょう

生き物の１年間の活動を調べ、季節との関係をかくにんしよう。

おわったらシールをはろう

教科書 174～179ページ　答え 25ページ

図を見て、あとの問いに答えましょう。

1 生き物の1年

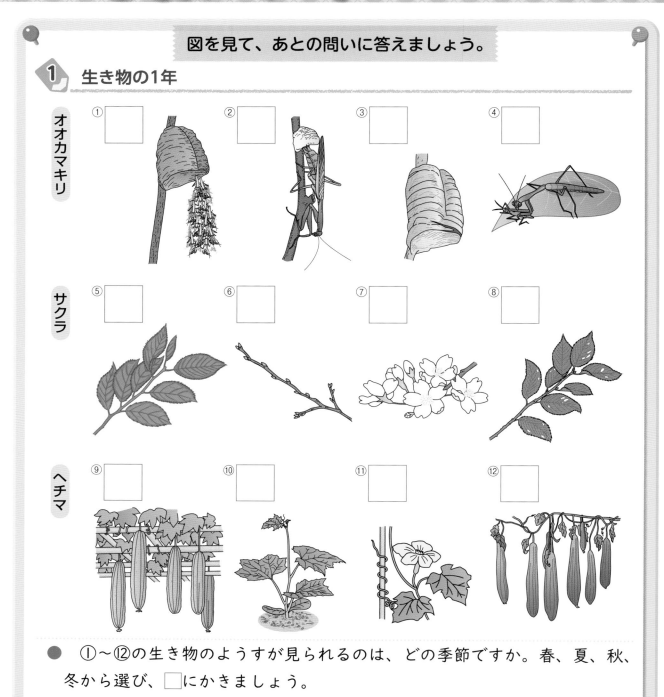

オオカマキリ

① □　② □　③ □　④ □

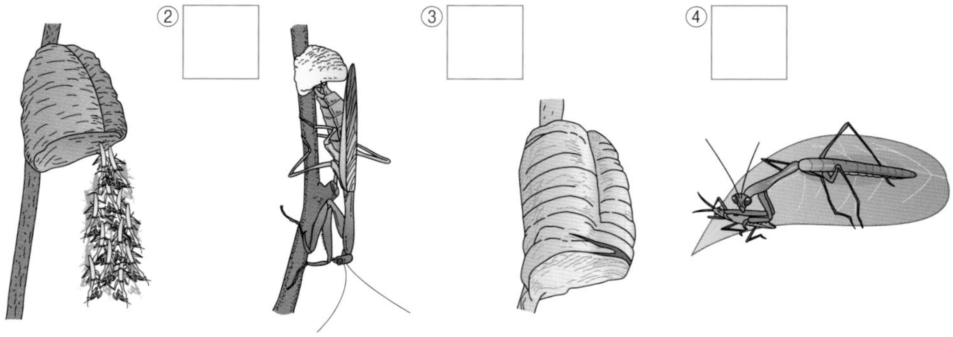

サクラ

⑤ □　⑥ □　⑦ □　⑧ □

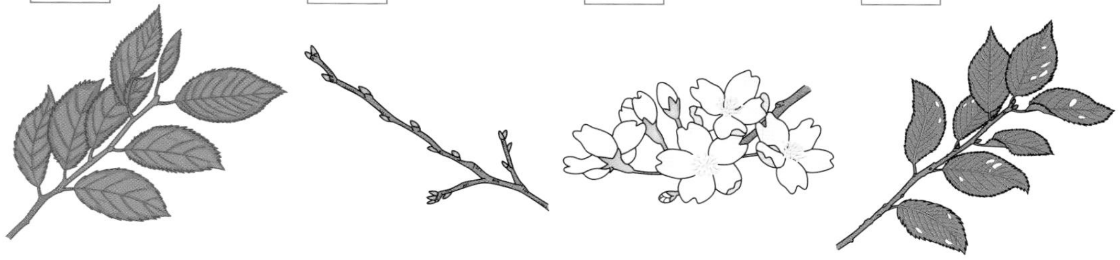

ヘチマ

⑨ □　⑩ □　⑪ □　⑫ □

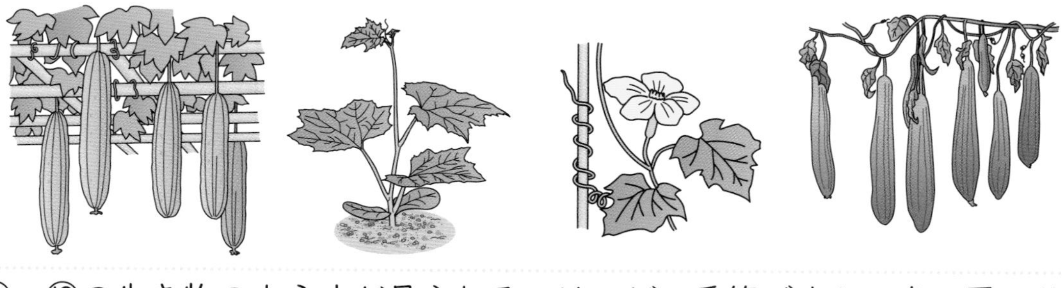

● ①～⑫の生き物のようすが見られるのは、どの季節ですか。春、夏、秋、冬から選び、□にかきましょう。

まとめ 〔　冬をこし　さかん　〕から選んで（　）にかきましょう。

- あたたかい季節になると、植物の成長や動物の活動は①（　　　　）になる。
- 植物や動物は寒い季節になると、いろいろなすがたで②（　　　　）、春にそなえる。

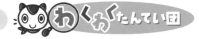

わくわくたんてい団

生き物のようすで、季節のうつり変わりがわかります。気象庁（きしょうちょう）では、毎年、サクラの花がさいた日などを観そくして、季節のうつり変わりを調べています。

勉強した日 ▶ 　月　　日

できた数

／11問中

おわったら
シールを
はろう

練習のワーク

教科書 174〜179ページ　答え 25ページ

1 次の図の生き物について、あとの問いに答えましょう。

	春	夏	秋	冬
㋐				
㋑				

(1) ㋐の生き物は、何ですか。次のア〜ウから選びましょう。　　　　　（　　　　）

　　ア ヒキガエル　　　**イ** ナナホシテントウ　　　**ウ** アゲハ

(2) ㋐の１年間のようすについて、（　）に当てはまる言葉を、下の〔　〕から選んで
　　かきましょう。

　　　　春には、成虫が①（　　　　　　　　　　　　）をうみつけていた。

　　　　夏には、②（　　　　　　　　　　　　）が葉を食べていた。

　　　　秋には、木に③（　　　　　　　　　　　　）が飛んできていた。

　　　　冬には、④（　　　　　　　　　　　　）が見られた。

　　〔　たまご　　よう虫　　さなぎ　　成虫　〕

(3) ㋑の生き物は何ですか。(1)のア〜ウから選びましょう。　　　　　（　　　　）

(4) ㋑の１年間のようすについて、（　）に当てはまる言葉を、下の〔　〕から選んで
　　かきましょう。

　　　　春には、①（　　　　　　　　　　）から②（　　　　　　　　　　）がうまれた。

　　　　夏には、あしがはえてきた子どもが、③（　　　　　　　　　　）に上がった。

　　　　秋には、活動が④（　　　　　　　　　　）なってきた。

　　　　冬には、⑤（　　　　　　　　　　）でじっとしていた。

　　〔　たまご　　おたまじゃくし　　土の中　　陸　　にぶく　〕

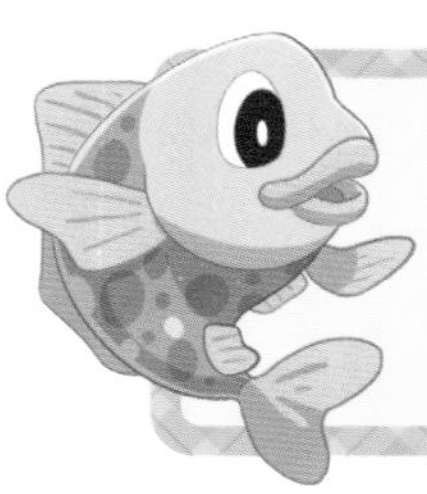

まとめのテスト

12　生き物の１年をふり返って

とく点　/100点

おわったら シールを はろう

教科書 174～179ページ　答え 25ページ　時間 20分

1 **1年間の気温の変わり方** **次の図は、４月、７月、10月、１月、３月の気温の変わり方をまとめたグラフです。あとの問いに答えましょう。** 1つ5〔40点〕

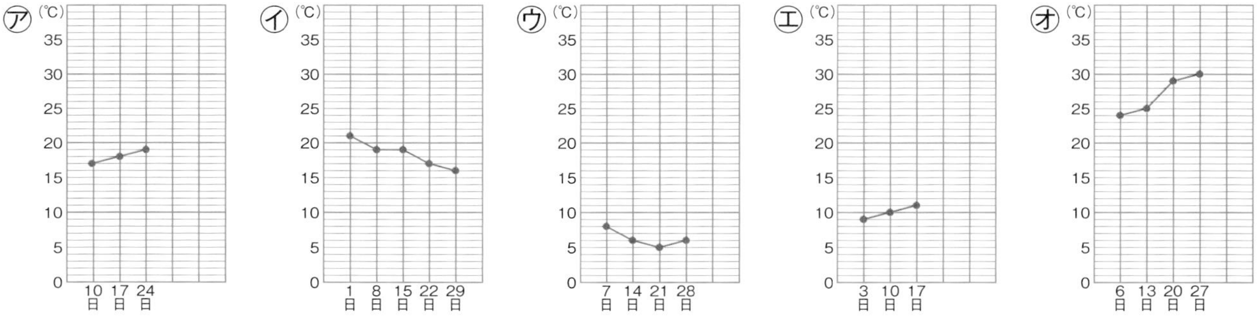

(1)　㋐は４月の気温の変わり方を表したグラフです。㋑～㋔はそれぞれ何月の気温の変わり方を表したものですか。

㋑(　　　　　)　㋒(　　　　　)　㋓(　　　　　)　㋔(　　　　　)

(2)　㋐～㋔のうち、動物がさかんに活動し、植物がよく成長するころの気温を表しているものはどれですか。(　　　)

(3)　植物や動物のようすとあたたかさとの関係を１年間続けて観察するときに、どのようなことに気をつけますか。次のうち、正しいものには○、まちがっているものには×をつけましょう。

①(　　　)季節によって、ちがう植物や動物を観察する。

②(　　　)同じ場所で、同じ時こくに観察する。

③(　　　)天気だけを記録し、気温ははからない。

2 **サクラのようす** **右の写真は、１月と３月のサクラのようすです。次の問いに答えましょう。** 1つ5〔15点〕

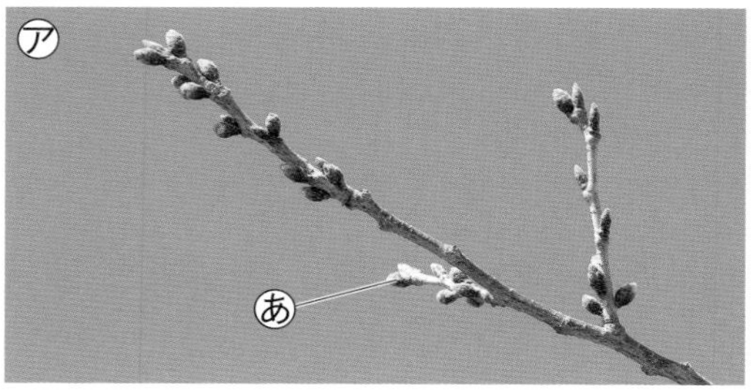

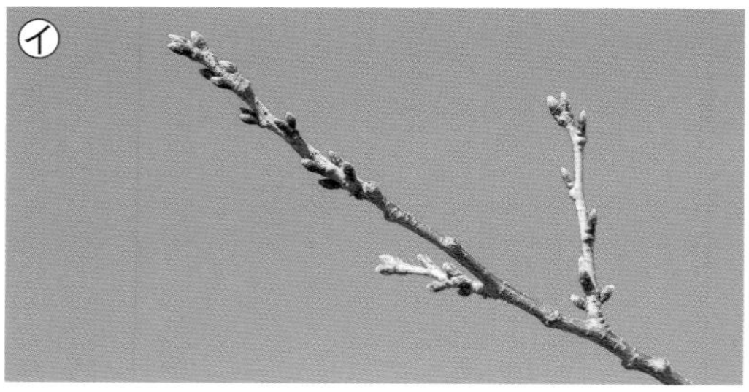

(1)　㋐、㋑のうち、３月のサクラのようすを表しているのはどちらですか。(　　　)

(2)　㋐の[あ]は何ですか。

(　　　　　　　)

(3)　３月に観察した[あ]は、１月にくらべてどのように変わっていますか。

(　　　　　　　　　　　　　　　　　)

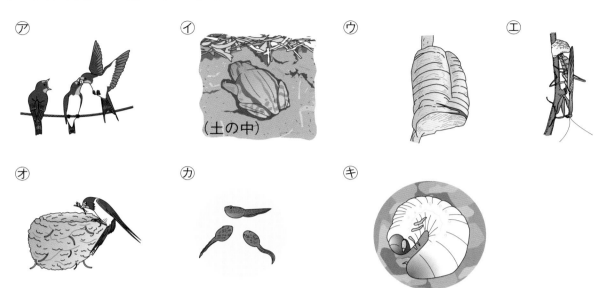

3 動物の1年 次の図は、いろいろな季節に見られる動物のようすを表しています。あとの問いに答えましょう。

1つ5〔35点〕

ア

イ （土の中）

ウ

エ

オ

カ

キ

(1) ア～キのうち、夏と冬に見られるものをそれぞれすべて選びましょう。

夏（　　　　　　　　） 冬（　　　　　　　　）

(2) アの鳥の名前は何ですか。 （　　　　　　　　）

(3) カブトムシのキのすがたを何といいますか。 （　　　　　　　　）

(4) 多くの生き物がさかんに活動するのは、夏ですか、冬ですか。 （　　　　　　　）

(5) 見られる鳥の種類やこん虫のすがたは、それぞれ季節によって同じですか、ちがいますか。

鳥の種類（　　　　　　　　） こん虫のすがた（　　　　　　　　）

4 サクラの1年 右の写真は、春、夏、秋、冬のサクラのようすです。次の問いに答えましょう。

1つ5〔10点〕

ア

イ

ウ

エ

(1) サクラを観察するときは、どのようにすればよいですか。正しいものすべてに○をつけましょう。

①（　　　）えだの先だけを観察する。

②（　　　）同じえだを観察する。

③（　　　）木の全体のようすも記録しておく。

(2) ア～エを春から順にならべましょう。

（　　　　→　　　　→　　　　→　　　　）

考えてとく問題にチャレンジ！
プラスワーク

おわったら
シールを
はろう

答え 26ページ

1 あたたかくなると 教科書 6〜15ページ 気温
をはかるとき、右の図のように、下じきな
どを使って温度計に直せつ日光が当たらな
いようにするのはなぜですか。理由を説明
しましょう。

下じき

(　　　　　　　　　　　　　　　　)

2 天気と気温 教科書 30〜37ページ 晴れた日の午前9時から午後3時まで、1時間ごと
に校庭の気温をはかりました。次の図を見て、結果をあとの表にまとめましょう。

| 午前9時 | 10時 | 11時 | 正午 | 午後1時 | 2時 | 3時 |

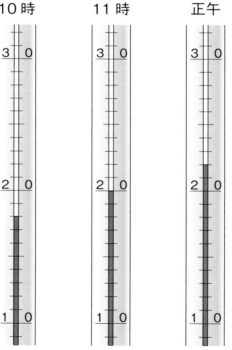

結果

時こく	気温
午前9時	
午前10時	
午前11時	
正午	

時こく	気温
午後1時	
午後2時	
午後3時	

3 天気と気温 教科書 30～37ページ **2** でつくった表をもとにして、この日の気温の変わり方を折れ線グラフにまとめましょう。

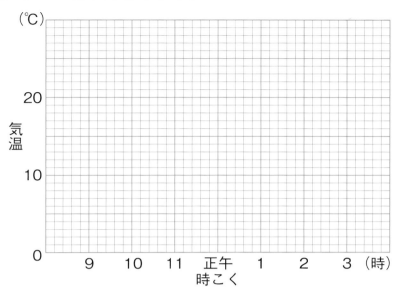

考 4 月や星の見え方 教科書 78～91ページ 次の写真は、カメラのシャッターを長い時間あけて写した、東、南、西の星の位置の変わり方をしめしています。南の空、西の空の星の位置の変わり方を、東の空のように、○から始まる矢印でしめしましょう。

5 自然のなかの水のすがた 教科書 92～101ページ りくさんは、ある寒い日、部屋のまどガラスに水てきがついていることに気がつきました。学校の先生に理由を聞いたところ、冷ぞう庫からとり出したペットボトルの表面に水てきがつくのと同じ理由で起こる、と教えてもらいました。まどガラスについた水は、どこにあったもので、まどガラスに水てきがつくのはなぜですか。理由を説明しましょう。

まどガラスについた水てき

6 物の体積と温度 教科書 120〜133ページ ゆうさ
んは、ジャムのびんの金ぞくのふたがあかな
かったので、びんのふただけをお湯につけて
あたためました。すると、ふたを楽にあける
ことができました。びんのふただけをあたた
めたことで、ふたがどのようになって、あけ
ることができましたか。説明しましょう。

(   )

7 物のあたたまり方 教科書 134〜147ページ 部屋の空気の温度を上げるために、ヒーター
を置きました。次の図で、ヒーターにあたためられた空気がどのように動くか、
●から始まる矢印をかいてしめしましょう。

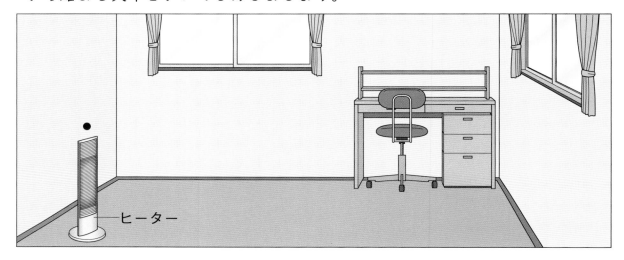

ヒーター

思考 **8** 生き物の１年をふり返って 教科書 174〜179ページ あお
いさんは、3年生のとき、家の花だんにホウセンカ
を植えました。ホウセンカは大きくなって花をさか
せましたが、秋になると、かれてしまいました。4
年生になって、4月に花だんを見ると、たねまきを
していないのに、ホウセンカの芽が出ていました。
たねまきをしていないのに芽が出たのはなぜですか。
理由を説明しましょう。

(   )

実力判定テスト

●勉強した日　　月　　日

名前　　　　　　　　とく点

時間 30分

/100点

おわったら
シールを
はろう

教科書　6〜49ページ　答え　28ページ

夏休みのテスト①

1 次の図のうち、春の生き物のようすには○、そうでないものには×をつけましょう。

1つ6〔24点〕

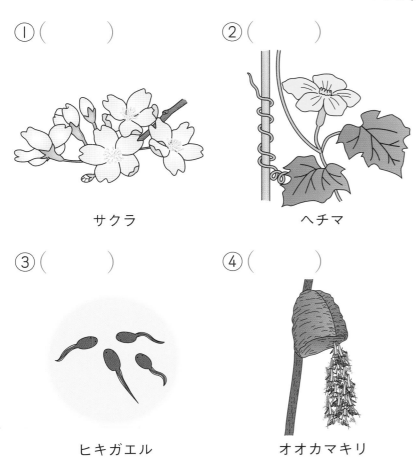

①（　　　）　　　　②（　　　）

サクラ　　　　　　ヘチマ

③（　　　）　　　　④（　　　）

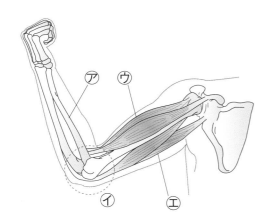

ヒキガエル　　　　オオカマキリ

2 人のうでのつくりと動くしくみについて、あとの問いに答えましょう。

1つ6〔24点〕

(1) ⑦はいつもかたい部分、⑦は曲がる部分を表しています。それぞれ何といいますか。

⑦（　　　　　　　）

⑦（　　　　　　　）

(2) うでを曲げたときにちぢむきん肉は、⑦、⑤のどちらですか。　　（　　　）

(3) うでをのばしたときにちぢむきん肉は、⑤、⑤のどちらですか。　　（　　　）

3 晴れの日とくもりの日の1日の気温の変わり方を調べました。あとの問いに答えましょう。

1つ8〔24点〕

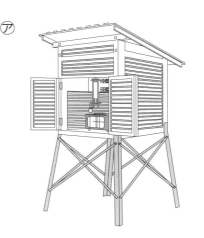

⑦

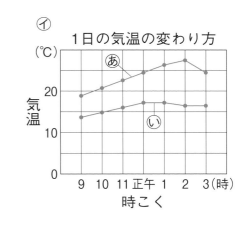

⑦　1日の気温の変わり方

(1) 気温をはかるじょうけんを考えてつくられた⑦を、何といいますか。　（　　　　　　）

(2) ⑦について、晴れの日の気温の変わり方を表しているグラフは、あ、いのどちらですか。

（　　　）

(3) (2)のように選んだのはなぜですか。

（　　　　　　　　　　　　）

4 次の図のように、かん電池をモーターにつないで、モーターの回る速さと向きについて調べました。あとの問いに答えましょう。

1つ7〔28点〕

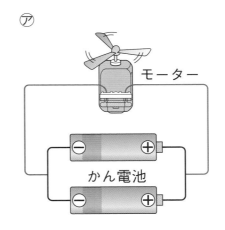

⑦　モーター　かん電池

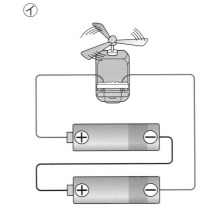

⑦

(1) ⑦、⑦のかん電池のつなぎ方を、それぞれ何といいますか。

⑦（　　　　　　　）

⑦（　　　　　　　）

(2) かん電池1このときよりもモーターが速く回るのは、⑦、⑦のどちらですか。　（　　　）

(3) ⑦と⑦のモーターの回る向きは、同じですか、ちがいますか。　　（　　　　　　）

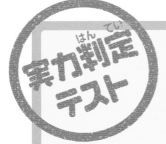

●勉強した日　　月　　日

実力判定（はんてい）テスト

夏休みのテスト②

時間 30分

名前　　とく点　　／100点

おわったらシールをはろう

教科書　50〜75ページ　　答え　28ページ

1 次の図のように、紙のつつを切った物の上にビー玉をのせると、ビー玉が→の向きに転がりました。雨水は、㋐、㋑のどちらに向かって流れていたと考えられますか。図の（　）に○をつけましょう。　〔9点〕

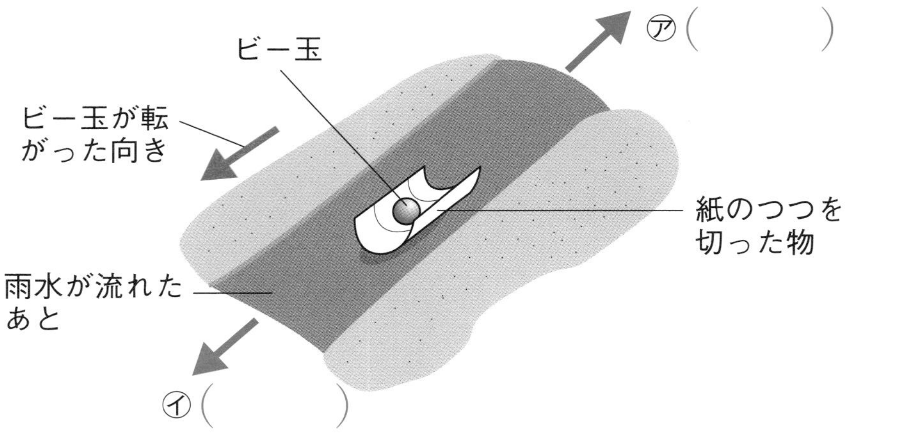

㋐（　　）
ビー玉
ビー玉が転がった向き
紙のつつを切った物
雨水が流れたあと
㋑（　　）

2 同じ体積（たいせき）の校庭の土とすな場のすなを、次の図のようなそう置（ち）に入れて、水のしみこみ方をくらべました。図は、同じ量（りょう）の水を同時に入れたときの水のしみこむようすです。あとの問いに答えましょう。　1つ7〔21点〕

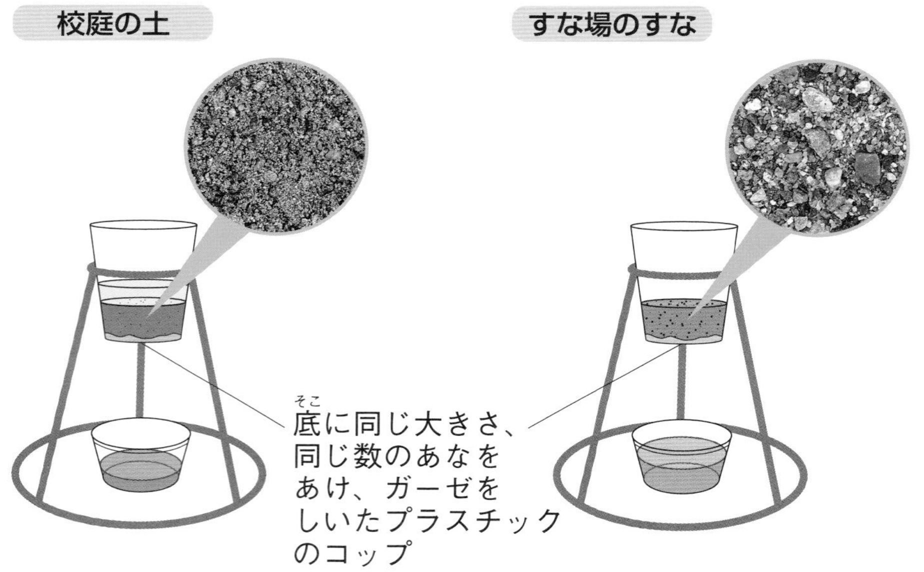

校庭の土
すな場のすな
底（そこ）に同じ大きさ、同じ数のあなをあけ、ガーゼをしいたプラスチックのコップ

(1)　つぶが大きいのは、校庭の土とすな場のすなのどちらですか。（　　　　）

(2)　水がすべてしみこむまでの時間が短いのは、校庭の土とすな場のすなのどちらですか。（　　　　）

(3)　水のしみこみ方は、土やすなのつぶの大きさによってちがいますか、同じですか。（　　　　）

3 夏のころの生き物のようすについて、次の文の（　）に当てはまる言葉を、下の〔　〕から選（えら）んでかきましょう。　1つ7〔28点〕

夏になると、春のころとくらべて気温が①（　　　　）なっていて、いろいろな動物が②（　　　　）。また、植物は、春のころよりもえだやくきが③（　　　　）、葉が④（　　　　）して、よく成長（せいちょう）するようになる。

〔高く　　低（ひく）く　　ふえたり　　かれたり
のびたり　　ちぢんだり
さかんに活動するようになる
すがたを見せなくなる〕

4 夏の空に見られる星について、あとの問いに答えましょう。　1つ7〔42点〕

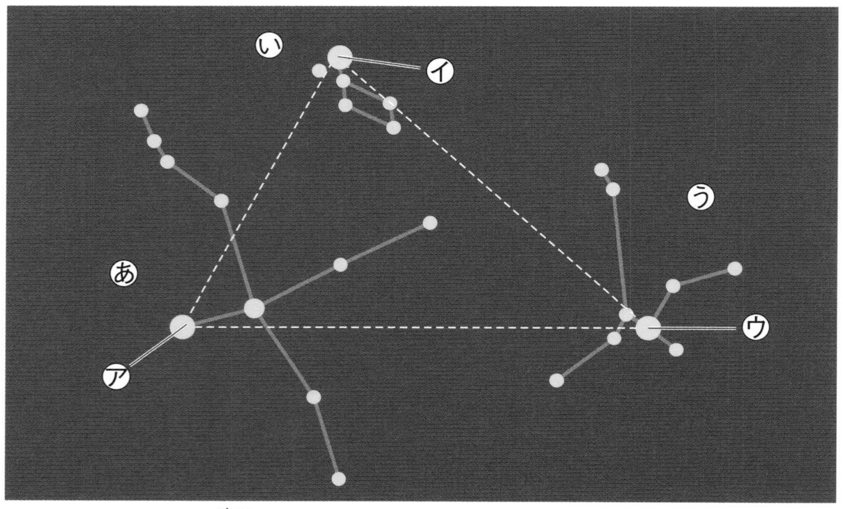

[い]
㋑
[う]
[あ]
㋒
㋐

(1)　[あ]〜[う]の星（せい）ざをそれぞれ何といいますか。

[あ]（　　　　）
[い]（　　　　）
[う]（　　　　）

(2)　㋐〜㋒の星を結（むす）んでできる三角形を何といいますか。（　　　　）

(3)　星の明るさや色は、すべて同じですか、ちがいがありますか。

明るさ（　　　　）
色（　　　　）

●勉強した日　　月　　日

名前　　　　　　　　とく点

／100点

おわったら
シールを
はろう

実力判定テスト

冬休みのテスト②

時間 30分

教科書　120〜147ページ　　答え　29ページ

1 物の体積と温度について、次の問いに答えましょう。

1つ8〔56点〕

(1) 図1はガラス管の中の水が、図2は水を満たしたガラス管の水面がそれぞれ印の位置にくるように、ガラス管を試験管にさしこんだものです。

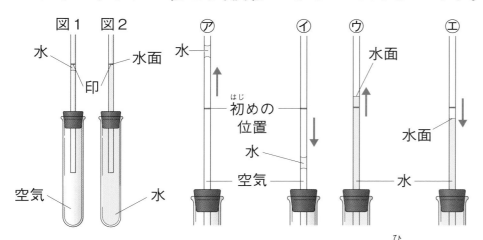

① 図1の試験管をあたためたときと冷やしたときの水のようすを、それぞれ⑦、⑦から選びましょう。　　あたためたとき（　　）

冷やしたとき（　　）

② 図2の試験管をあたためたときと冷やしたときの水面のようすを、それぞれ⑦、⑪から選びましょう。　　あたためたとき（　　）

冷やしたとき（　　）

(2) 次の図のように、輪を通りぬける金ぞくの球を熱したり、冷やしたりして、輪を通りぬけるか調べました。

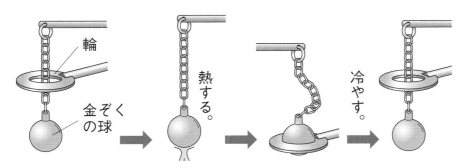

① 金ぞくを熱したり冷やしたりすると、体積はそれぞれどうなりますか。

熱したとき（　　　　　　　　）

冷やしたとき（　　　　　　　　）

② 空気、水、金ぞくを、温度による体積の変わり方が大きい順にならべましょう。

（　　　→　　　→　　　）

2 物のあたたまり方について、次の問いに答えましょう。

1つ11〔44点〕

(1) 次の図のように、し温インクをぬった金ぞくのぼうのはしを熱しました。⑦〜⑦は、どのような順にあたたまりますか。

（　　　→　　　→　　　）

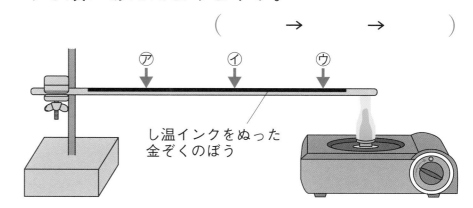

し温インクをぬった金ぞくのぼう

(2) 右の図のように、水を入れたビーカーの底に絵の具を入れ、水を熱しました。絵の具はどのように動きますか。次の図の⑦〜⑦から選びましょう。

（　　　）

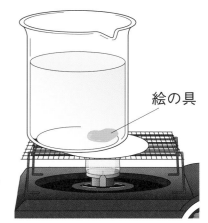

絵の具

(3) 右の図のように、ヒーターでだんぼうしている部屋の温度をはかったら、部屋の上のほうが温度は高くなっていました。次の文の（　）のうち、正しいほうを◯でかこみましょう。

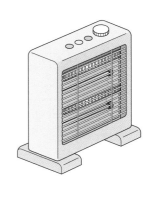

空気は、①（　金ぞく　水　）と同じように、あたためられると②（　上　下　）のほうへ動く。そして動きながら全体があたたまっていく。

実力判定テスト　冬休みのテスト①

時間30分　名前　とく点　/100点　おわったらシールをはろう

教科書　78～119ページ　答え　29ページ

1 次の図は、午後４時ごろに月を観察したものです。あとの問いに答えましょう。　1つ6〔30点〕

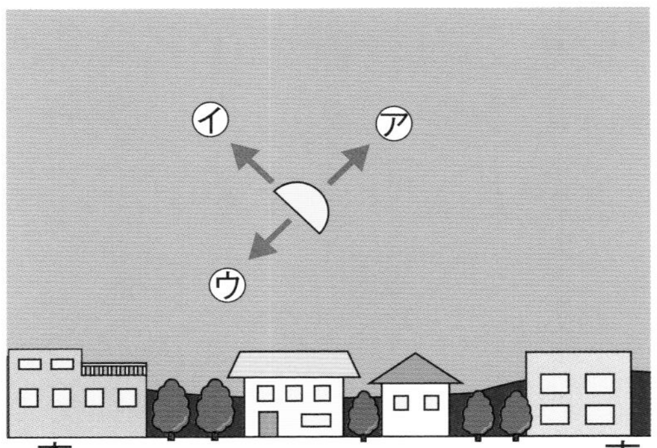

(1)　図の形に見える月を何といいますか。
（　　　　　）

(2)　午後５時には、月は㋐～㋒のどの位置に見えますか。　（　　　）

(3)　月の形と見える位置について、次の文の（　）に当てはまる方位をかきましょう。

月は、見える形がちがっても、見える位置は太陽と同じように、①（　　　）の空からのぼり、②（　　　）の空を通って、③（　　　）へと変わる。

2 次の㋐、㋑のようにしたビーカーを日当たりのよい場所に置き、中の水がどうなるか調べました。あとの問いに答えましょう。　1つ6〔24点〕

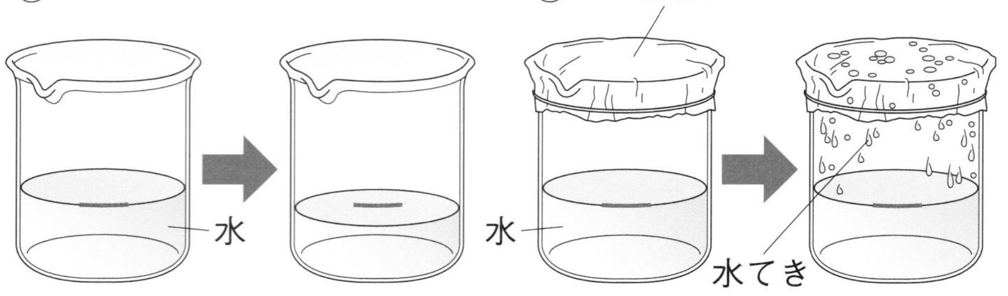

(1)　㋐の水のようすについて、次の文の（　）に当てはまる言葉をかきましょう。

水は、①（　　　　）となって②（　　　　）中へ出ていった。これを③（　　　　）という。

(2)　㋑のビーカーの内側に水てきがついたのは、なぜですか。
（　　　　　　　　　　　　）

3 すずしくなるころの生き物のようすについて、次の問いに答えましょう。　1つ5〔25点〕

(1)　次の①～④のうち、秋の生き物のようすには○、そうでないものには×をつけましょう。

①（　　）

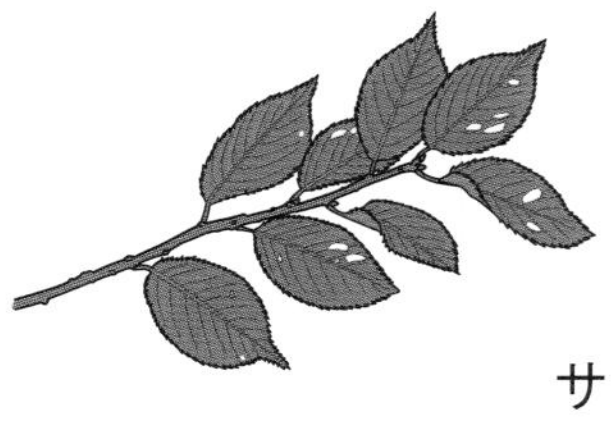

サクラ

②（　　）

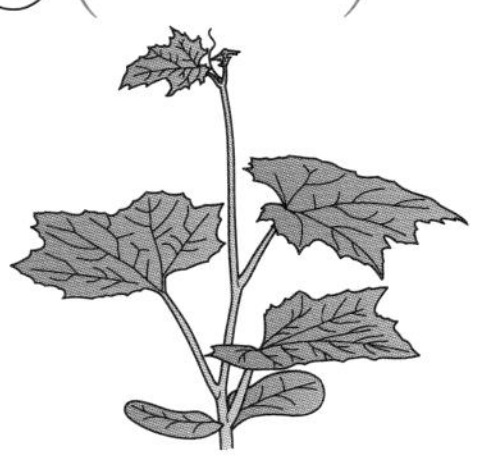

ヘチマ

③（　　）

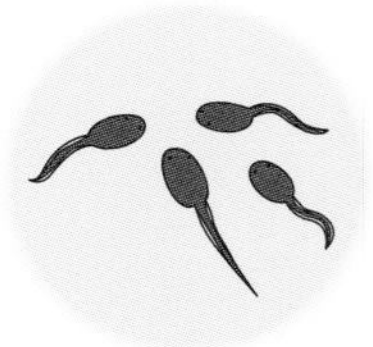

ヒキガエル

④（　　）

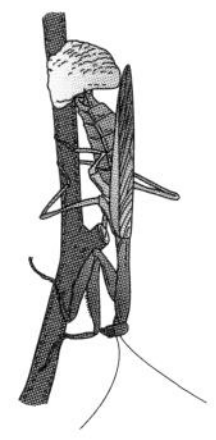

オオカマキリ

(2)　すずしくなると、こん虫などの動物のすがたや活動のようすはどうなりますか。
（　　　　　　　　　　　　）

4 次の図のように、注しゃ器を２本用意して、㋐には空気、㋑には水を入れて、ピストンをおしました。あとの問いに答えましょう。　1つ7〔21点〕

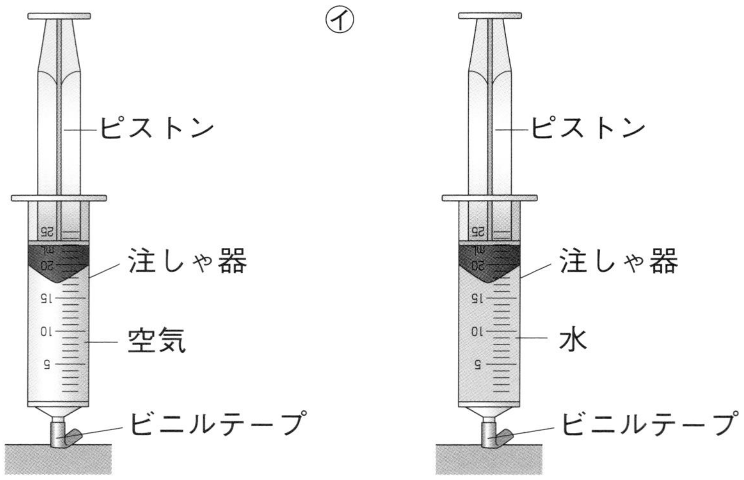

(1)　㋐のピストンをおすと、空気の体積はどうなりますか。　（　　　　）

(2)　㋐のピストンをおしていくと、空気のおし返す力はどうなりますか。
（　　　　）

(3)　㋑のピストンをおすと、水の体積はどうなりますか。　（　　　　）

●勉強した日　　月　　日

実力判定テスト

学年末のテスト①

時間 30分

名前	とく点
	/100点

おわったらシールをはろう

教科書　148〜179ページ　　答え　30ページ

1 冬の空の星ざについて、あとの問いに答えましょう。

1つ7〔35点〕

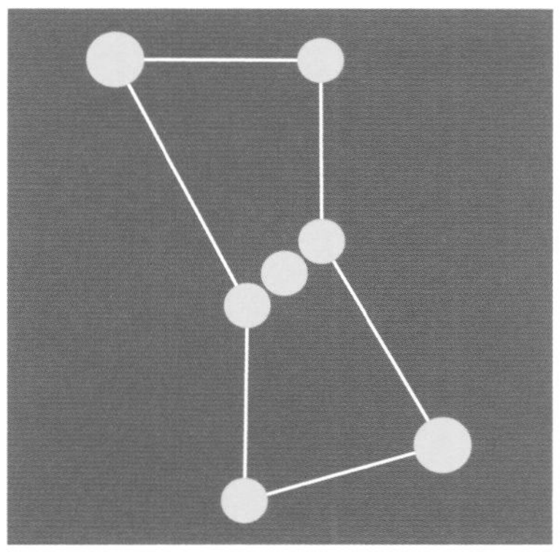

(1) 図の星ざを何といいますか。
(　　　　　　　)

(2) 冬に見られる星の明るさや色は、それぞれちがいますか、同じですか。
明るさ(　　　　　　　)
色(　　　　　　　)

(3) 星ざの位置や星のならび方は、時間がたつと変わりますか、変わりませんか。
位置(　　　　　　　)
ならび方(　　　　　　　)

2 次の図は、冬に観察したサクラとヘチマのようすを表しています。あとの問いに答えましょう。

1つ5〔15点〕

サクラ

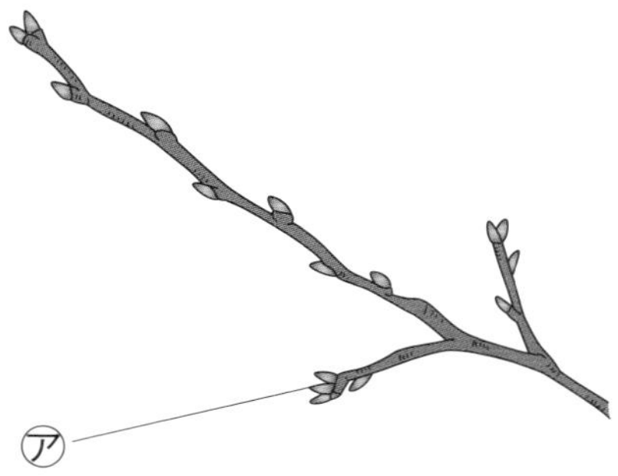

ヘチマ

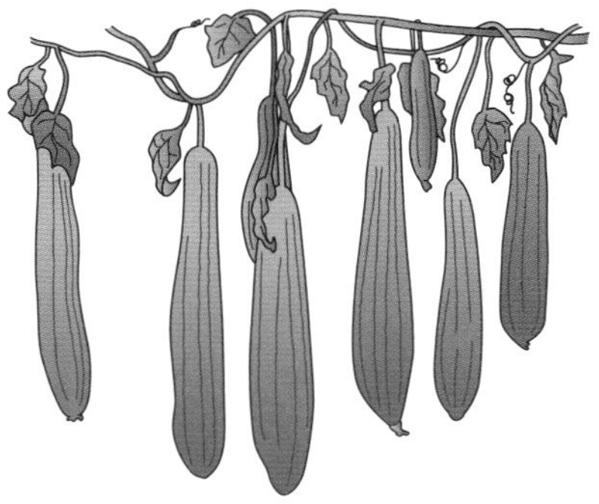

(1) 図のサクラの木は、かれていますか、かれていませんか。(　　　　　　　)

(2) サクラは、えだに㋐をつけて冬をこします。㋐を何といいますか。(　　　　　　　)

(3) ヘチマは、どのようなすがたで冬をこしますか。(　　　　　　　)

3 水を熱したり、冷やしたりしたときの水のすがたの変化について、あとの問いに答えましょう。

1つ5〔50点〕

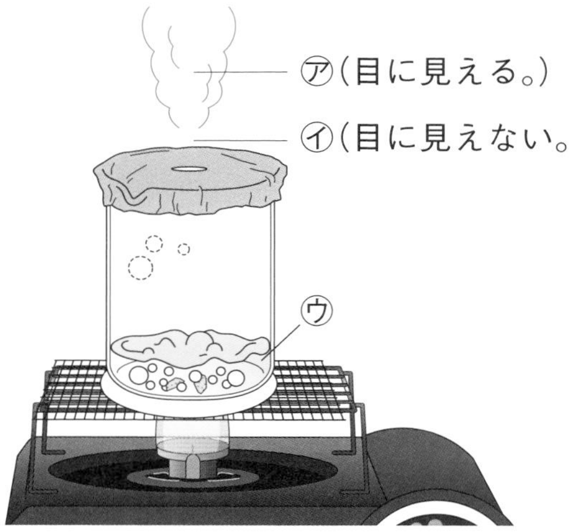

(1) 図のように、水が熱せられて100℃近くになると、中からさかんにあわが出てきました。このことを何といいますか。(　　　　　　　)

(2) 図の㋐、㋑は何ですか。下の〔　〕からそれぞれ選びましょう。
㋐(　　　　　　　)　㋑(　　　　　　　)
〔　空気　　湯気　　水じょう気　〕

(3) 図の㋐〜㋒はそれぞれ固体、液体、気体のどれですか。
㋐(　　　　　　　)
㋑(　　　　　　　)
㋒(　　　　　　　)

(4) 水を冷やすと、水の温度はどうなりますか。
(　　　　　　　)

(5) 水がこおり始める温度は何℃ですか。
(　　　　　　　)

(6) 水がこおり始めてから、すべて氷になるまでの間、温度はどうなりますか。
(　　　　　　　)

(7) 水が氷になると、体積はどうなりますか。次のア〜ウから選びましょう。
(　　　　　　　)

ア　大きくなる。
イ　小さくなる。
ウ　変わらない。

実力判定テスト

学年末のテスト②

時間 30分

名前　　とく点　　/100点

おわったら シールを はろう

教科書　6～179ページ　　答え　30ページ

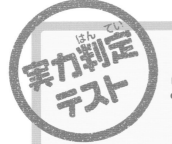

1 サクラとオオカマキリの１年間のようすをまとめました。それぞれどの季節のようすかを、春、夏、秋、冬でかきましょう。　１つ５〔40点〕

(1)　サクラ

①(　　　)

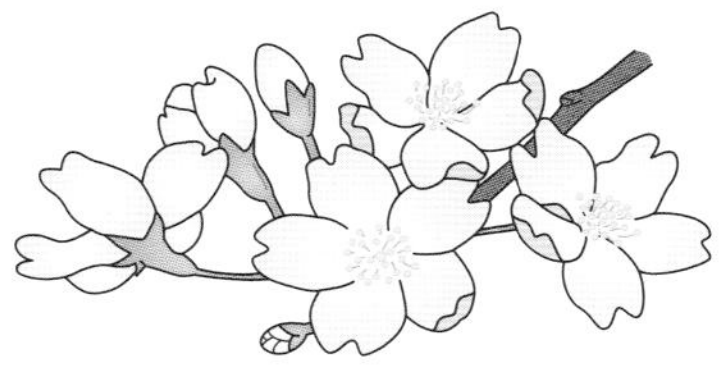

②(　　　)

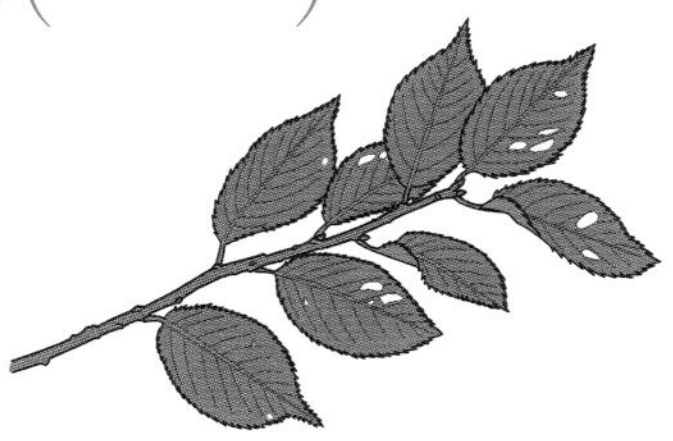

③(　　　)

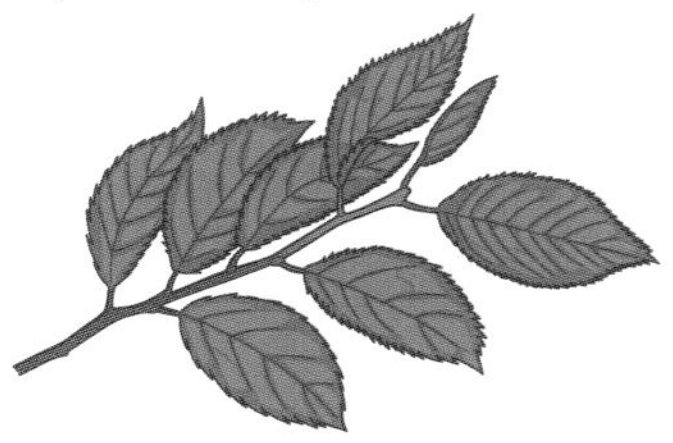

④(　　　)

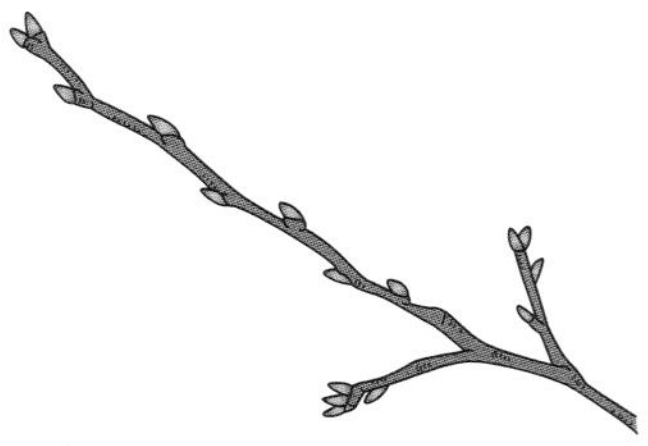

(2)　オオカマキリ

①(　　　)

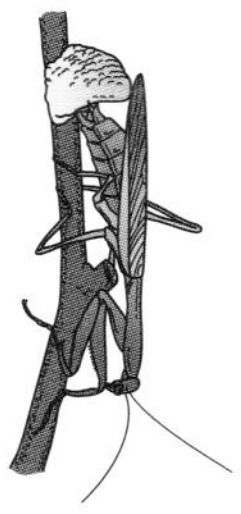

②(　　　)

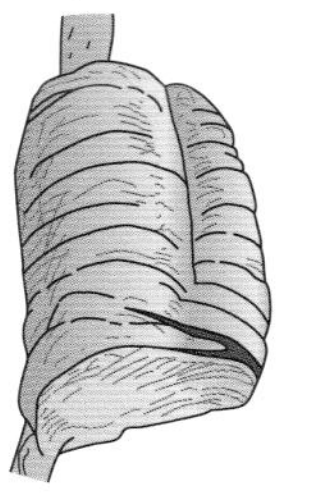

③(　　　)

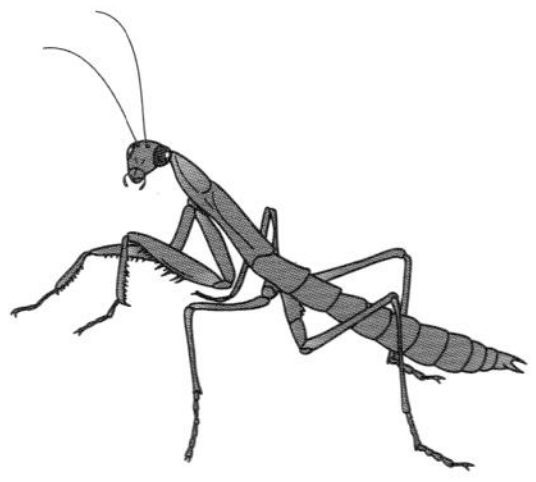

④(　　　)

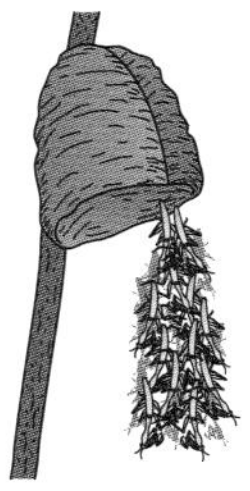

2 ウサギやハトのからだのつくりについて、次の文のうち、正しいものに○、まちがっているものに×をつけましょう。　１つ６〔18点〕

①(　　　)人と同じように、ほねやきん肉、関節がある。

②(　　　)人とちがい、きん肉はあるが、ほねはない。

③(　　　)人とちがい、きん肉のはたらきだけでからだを動かしたり、ささえたりしている。

3 晴れの日と雨の日に、１日の気温の変わり方を調べました。次の文のうち、正しいものに○、まちがっているものに×をつけましょう。　１つ６〔18点〕

①(　　　)気温は、風通しのよい、直せつ日光が当たらないところではかる。

②(　　　)晴れの日よりも雨の日のほうが、１日の気温の変わり方が小さい。

③(　　　)晴れの日の気温は、朝や夕方に高くなる。

4 電流のはたらきについて、次の問いに答えましょう。　１つ６〔24点〕

(1)　右の図のようにかん電池とモーターをつなぐと、モーターが回りました。

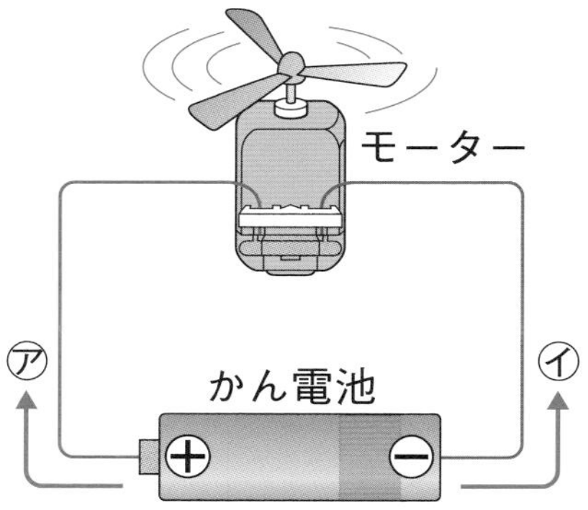

①　電流の向きは、㋐、㋑のどちらですか。
(　　　)

②　モーターにつなぐかん電池の向きを変えると、モーターの回る向きはどうなりますか。
(　　　　　)

(2)　次の図のように、２このかん電池とモーターをつなぎました。

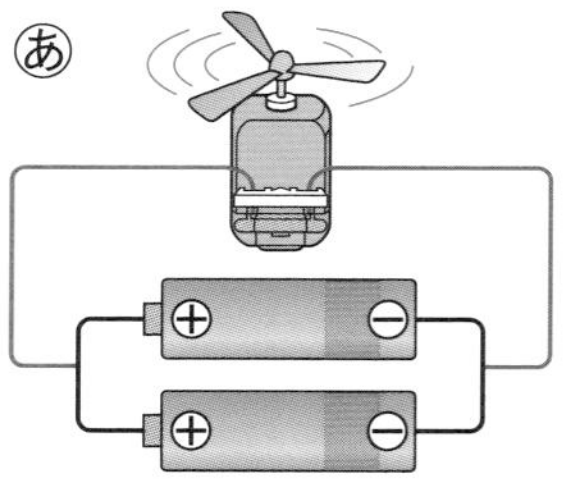

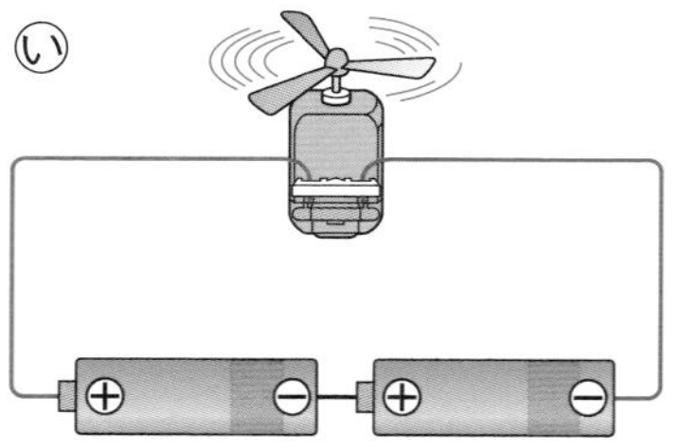

①　回路に流れる電流の大きさはどうなりますか。ア～ウから選びましょう。　(　　　)

ア　[あ]のほうが大きい。
イ　[い]のほうが大きい。
ウ　[あ]と[い]で同じ。

②　モーターが速く回るのは、[あ]、[い]のどちらですか。　(　　　)

●勉強した日　　月　　日

実力判定テスト かくにん！折れ線グラフ

時間 30分

名前　　　　できた数　　／21問中

おわったらシールをはろう

グラフをかいて、読みとる練習をしよう！

答え 31ページ

折れ線グラフのかき方・読みとり方

観察や実験の結果を折れ線グラフで表して、変わり方を読みとってみましょう。

[例]

時こく	9時	10時	11時	正午	1時	2時	3時
気温(℃)	20	21	22	22	24	26	25
天気	晴れ	晴れ	晴れ	晴れ	晴れ	晴れ	晴れ

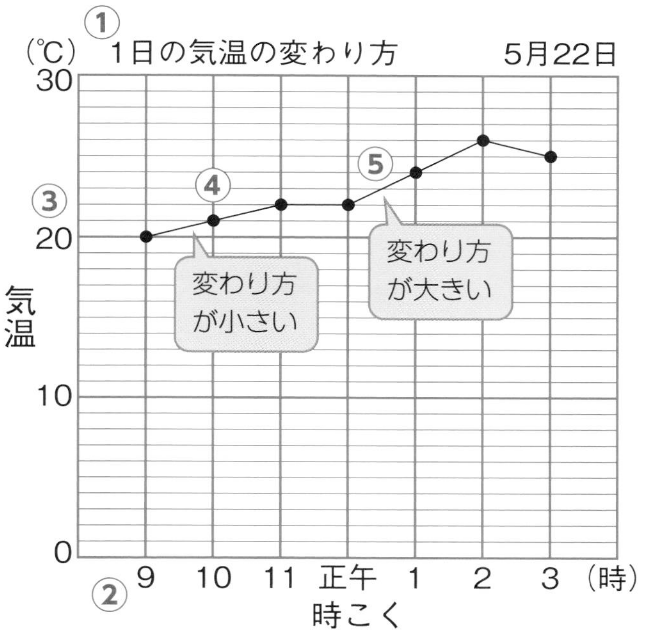

5年生になっても、結果の整理・まとめはとても大切だよ。

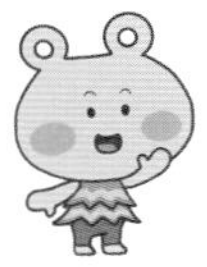

たいせつ

①表題と月日をかく。
②横のじくに「時こく」をとり、単位(時)をかく。
③たてのじくに「気温」をとり、単位(℃)をかく。
④それぞれの時こくではかった気温を表すところに点をうつ。
⑤点と点を順に直線で結ぶ。

1 ある年の5月9日と12日の気温を調べたところ、次の表のようになりました。

		午前9時	午前10時	午前11時	正午	午後1時	午後2時	午後3時
㋐	5月9日 ☂	14℃	13℃	13℃	13℃	12℃	12℃	12℃
㋑	5月12日 ☀	15℃	16℃	18℃	20℃	22℃	23℃	20℃

(1)　5月9日と5月12日の気温の変わり方を、それぞれ折れ線グラフで表しましょう。また、(　)に当てはまる数字をかきましょう。

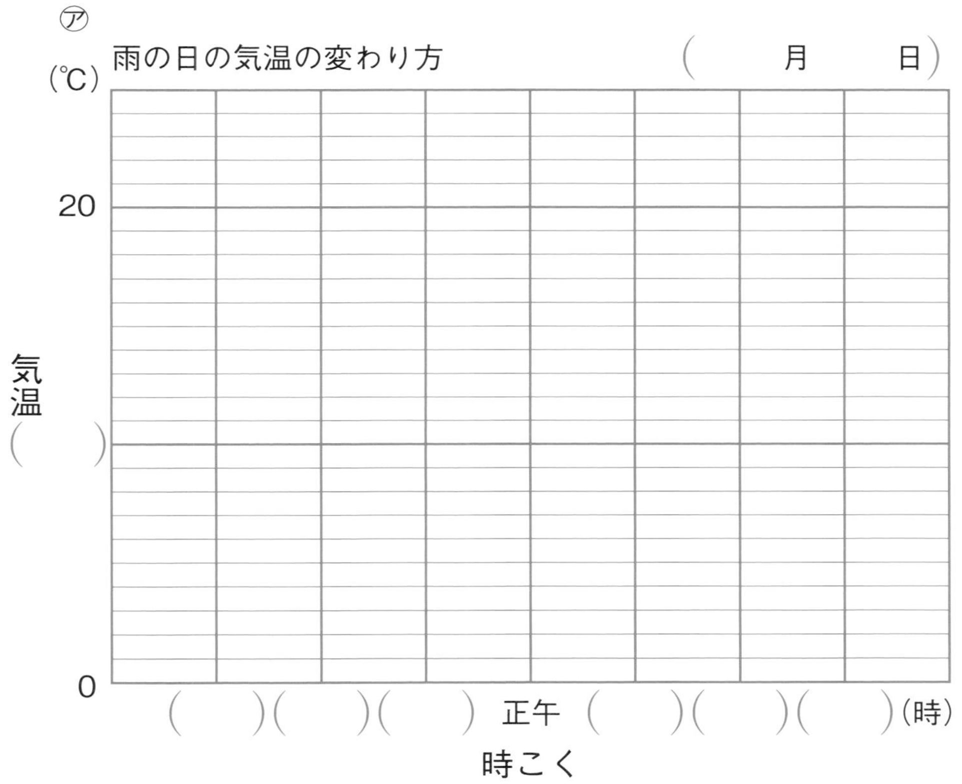

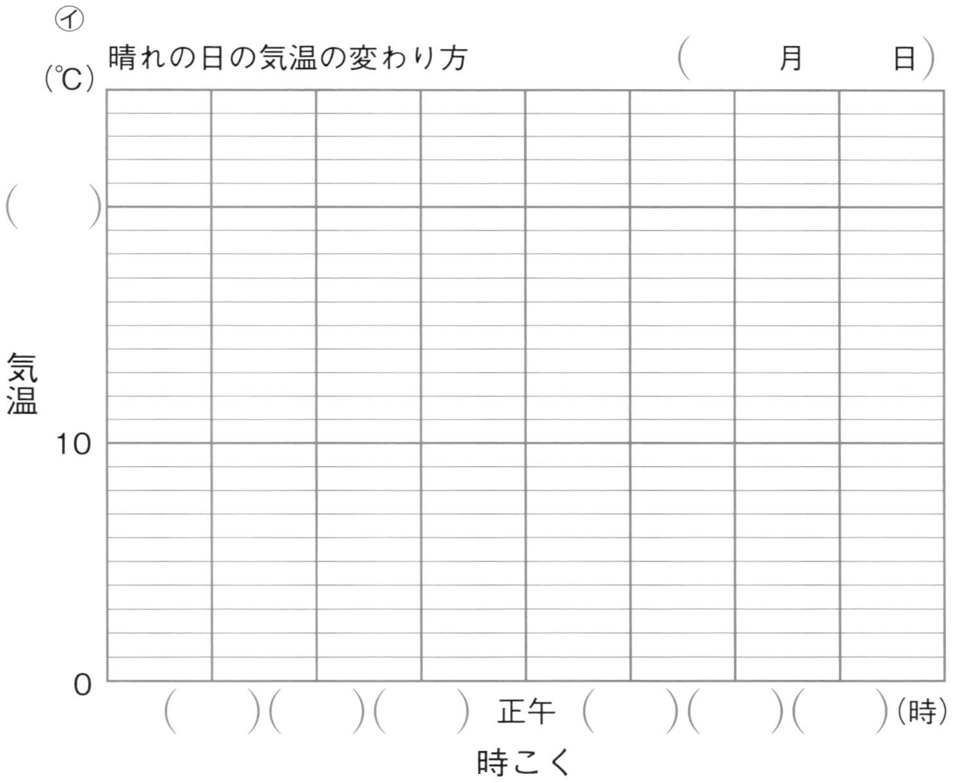

(2)　次の文の(　)に当てはまる言葉をかきましょう。

天気によって、1日の気温の変わり方は①(　　　　)。晴れの日は、気温の変わり方が②(　　　　)、雨の日は、気温の変わり方が③(　　　　)。

実力判定テスト かくにん！実験器具の使い方

時間 30分

名前　　　　　　　できた数

／10問中

おわったら
シールを
はろう

実験器具の使い方をたしかめよう！

答え 31ページ

⭐ 実験用ガスこんろの使い方

1 ①～⑤の（　）の中の正しいほうを◯でかこみましょう。

火をつける

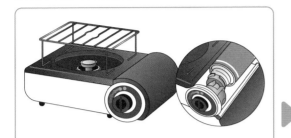

ガスボンベは、切りこみを①（ 上　下 ）にして、音がするまでおしこむ。

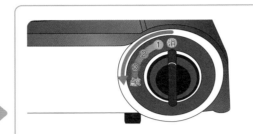

つまみを、カチッと音がするまで回して、火をつける。

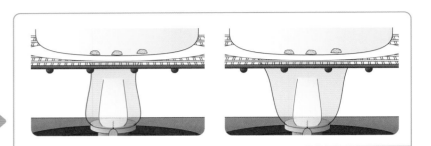

つまみを、ゆっくり回して、ほのおの②（ 大きさ　色 ）を調節する。

火を消す

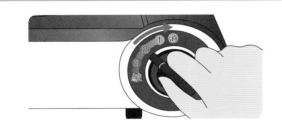
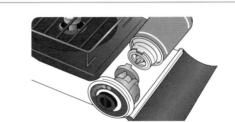

つまみを、③（ 「点火」　「消」 ）まで回して、火を消す。実験用ガスこんろやガスボンベが④（ 冷えた　あたたまった ）ら、ガスボンベをはずす。

つまみを回して火をつけて、火が⑤（ ついた　消えた ）ら、つまみを「消」まで回す。

⭐ けん流計の使い方

2 ①、②の□□□や表の③～⑤に当てはまる言葉や矢印をかきましょう。

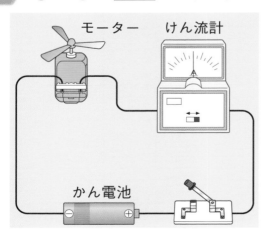

モーター　けん流計

かん電池

1. けん流計、モーター、かん電池、スイッチを1つの①[　　　]のようにつなぐ。

2. 切りかえスイッチを、「電磁石（5A）」側に入れる。

3. 電流を流し、はりのふれる向きと、はりのさす目もりを読みとる。

4. はりのふれが0.5より②[　　　]ときは、切りかえスイッチを、「モーター　まめ電球（0.5A）」側に入れる。このときの電流の大きさは、はりがさす目もりの数字の10分の1になる。

たいせつ☆

けん流計のはりのふれる向きが「電流の向き」、はりのさす目もりが「電流の大きさ」を表す。

		電流の向きと大きさを読みとろう！	54 3 2 1 0 1 2 3 4 5　A	54 3 2 1 0 1 2 3 4 5　A
	電流の向き		←	③
電流の大きさ	「電磁石（5A）」のとき		2A	④　　　A
	「モーター　まめ電球（0.5A）」のとき		0.2A	⑤　　　A

教科書ワーク

答えとてびき

「答えとてびき」は、
とりはずすことが
できます。

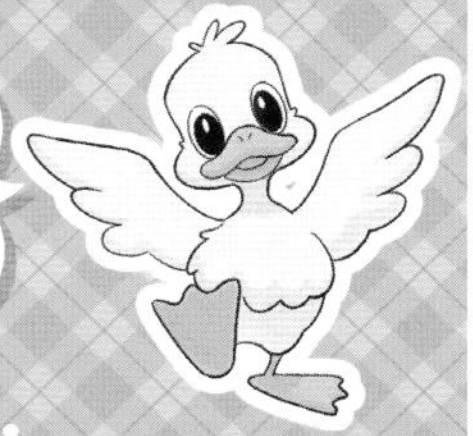

東京書籍版

理科4年

使い方

まちがえた問題は、もう一度よく読んで、なぜまちがえたのかを考えましょう。正しい答えを知るだけでなく、なぜそうなるかを考えることが大切です。

1 あたたかくなると

2ページ きほんのワーク

1 (1)①風通し ②地面 ③日光

(2)④

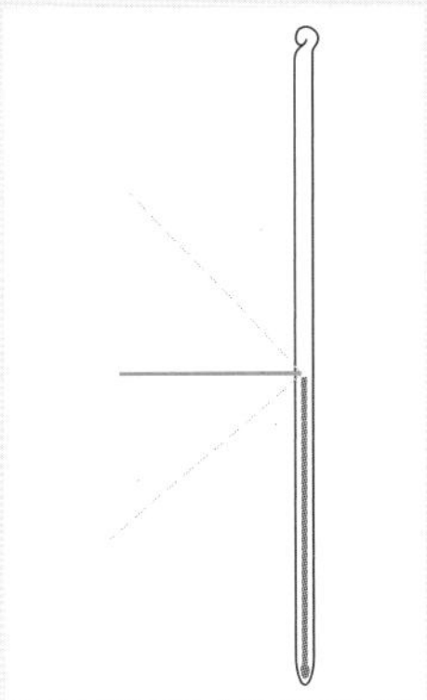

2 ①テーマ

②月日

③絵と文

④感想やぎもん

まとめ ①空気

②気温

3ページ 練習のワーク

1 (1)日光

(2)②に○

(3)㋑

(4)15℃

2 ①○ ②× ③○ ④× ⑤○

てびき 1 (1)温度計に直せつ日光が当たると、温度計があたためられるので、気温を正しくはかることができません。

(2)気温は、「建物からはなれている風通しのよいところではかる」「地面から1m20cm～1m50cmの高さではかる」「温度計に直せつ日光が当たらないようにしてはかる」の3つのじょうけんをそろえてはかった空気の温度です。

(3)温度計の目もりを読みとるときは、温度計の液の高さが変わらなくなってから、温度計の液の先と目を直角にして読みとります。温度計を持つときは、えきだめからはなれた部分を持ち、紙などでおおいをして日光をさえぎります。

2 記録カードには、実験や観察のテーマや調べた月日、気温、天気、名前などのほかに、感想やぎもん、調べたことを、絵や文でくわしくかきましょう。また、テープでつなぐ、ひもでとじる、ファイルに入れる、とう明のフォルダに入れるなどして、整理しましょう。

4ページ きほんのワーク

1 (1)①ツバメ ②ヒキガエル

③オオカマキリ ④カブトムシ

(2)⑤巣

2 (1)①「3～4」に⬭

(2)②ぼう

③ひりょう

まとめ ①たまご ②多くなる

5ページ 練習のワーク

1 (1)㋐ヒキガエル

㋑ツバメ

(2)カブトムシ

(3)ウ

2 (1)②に○

(2)③に○

3 (1)日なた

(2)花だん(大きいプランター)

てびき **1** 春になり、あたたかくなると、いろいろな生き物が活動を始めます。ヒキガエルは水中に多くのたまごをうみます。南の方からやってきたツバメは巣をつくり、たまごをうみます。

2 記録カードには、観察した日時や場所、天気、気温、気づいたことを書いたり、絵で表したりします。

3 (2)葉が3〜4まいになったら、花だんや大きいプランターなどに植えかえます。このとき、ささえのぼうをさして、根にふれないところにひりょうを入れておきます。植えかえた後は、水をあたえます。

わかる! 理科 ひりょうとは、植物の栄養となる物です。ひりょうを入れると植物はよく育ちます。ただし、ひりょうのやりすぎはいけません。土の中の栄養が多くなりすぎると、植物は根から水をとり入れられなくなってかれてしまいます。ひりょうを根にふれないように入れるのは、栄養をあげすぎないようにするためです。

6・7ページ **まとめのテスト**

1 (1)①○ ②× ③× ④○ ⑤×

(2)あたたかくなってきたから。(気温が高くなってきたから。)

2 (1)イ

(2)オ

(3)ぼうをさす

(4)くきの先のところのささえに印をつけて、長さをはかる。

3 (1)ツバメ

(2)巣

(3)たまご

(4)①に○

4 (1)オオカマキリ

(2)イ

(3)ア

(4)イ

(5)①あたたか ②さかん

丸つけの ポイント

1 (2)あたたかくなっていることがかけていれば正解です。

2 (4)ささえに印をつけて、くきの長さをはかることがかけていれば正かいです。

てびき **1** (1)②は秋、③は夏、⑤は冬のようすです。植物の多くは、春に芽を出し、夏にかけてよく成長して花をさかせ、秋には実やたねができます。

(2)春になると気温が高くなり、あたたかくなるため、植物が成長を始めます。

2 (1)アはヒョウタン、ウはヘチマのたねです。

(3)(4)葉が3〜4まい出てきたら、花だんや大きいプランターに植えかえます。そのとき、くきをささえるためのぼうをさします。

わかる! 理科 ツルレイシは、沖縄ではゴーヤーとよばれ、よく食べられます。食べるとにがいため、ニガウリともよばれます。

3 ツバメは、春になると日本にやってきます。どろや草などを使って巣をつくり、たまごをうみます。やがて、ひな(子ども)を育てるようすが見られるようになります。

わかる! 理科 ツバメは、あたたかい春になると、南の国から日本にわたってきます。

4 アのオオカマキリは、秋のようすで、成虫がたまごをうんでいるところです。春になると、イのように、このたまごからよう虫がかえります。

わかる! 理科 オオカマキリは、よう虫も成虫も同じようなすがたをしていますが、よう虫はとぶことができません。

2 動物のからだのつくりと運動

8ページ きほんのワーク

1 (1)①きん肉
②ほね
③関節
(2)④ちぢむ
⑤ゆるむ
⑥ゆるむ
⑦ちぢむ

2 ①ほね
②きん肉
③関節
④ほね
⑤きん肉

まとめ ①関節
②ちぢんだりゆるんだり

9ページ 練習のワーク

1 (1)きん肉
(2)ほね
(3)関節
(4)㋒

2 (1)ハト
(2)ウ
(3)①× ②×
③○ ④×

てびき 1 ほねは、さわるといつもかたい部分です。きん肉は力を入れていないときはやわらかいですが、力を入れるとかたくなる部分です。関節は、ほねとほねのつなぎ目で、この部分でからだを曲げることができます。ほねの部分でからだを曲げることはできません。

2 ハトやウサギも、人と同じようにほねやきん肉があり、からだをささえたり、動かしたりしています。

また、関節があるので、曲げたり動かしたりすることができます。

10・11ページ まとめのテスト

1 ①きん肉 ②ほね
③きん肉 ④ほね
⑤ほね ⑥関節

2 (1)ほね
(2)かたい。
(3)㋑
(4)㋕
(5)㋒

3 ①× ②○ ③○

4 (1)㋐
(2)㋑
(3)㋓
(4)かたくなる。

5 (1)㋑
(2)㋒
(3)②に○
(4)きん肉

てびき 1 人がからだを動かすことができるのは、ほねやきん肉のはたらきのおかげです。

2 のうは頭に、はいや心ぞうはむねにあります。これらはとても大切なので、頭(とう)こつ(ずがいこつ)とよばれる頭のほねやろっこつとよばれるむねのほねで守っています。

3 ①②人の顔にはきん肉があり、きん肉を動かすことで表じょうをつくることができます。

4 (1)～(3)うでを曲げると、㋐のきん肉がちぢみます。また、ちぢむと少しかたくなり、力を入れると、さらにかたくなります。うでをのばすと、曲げたときとは反対に、㋓のきん肉がちぢみます。きん肉がちぢんだりゆるんだりすることで、からだを動かすことができます。

(4)重い物を持っているとき㋐のきん肉は力が入り、かたくなります。

5 ハトやウサギだけでなく、コイなどの魚や、ウマやチンパンジーなど、多くの動物にも、ほねやきん肉、関節があります。

わかる！理科 コイなどの魚は、しっぽに近い部分のほねにじょうぶなきん肉がついています。このきん肉とほねによってしっぽを左右にふることで、水の中を前に進んでいます。

3 天気と気温

12ページ きほんのワーク

❶ ①

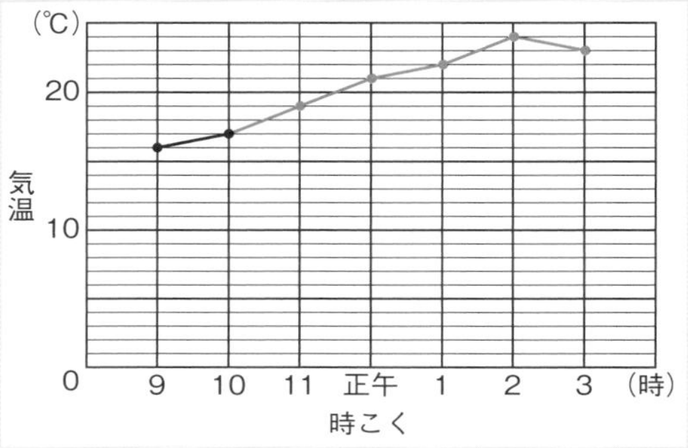

❷ (1)①晴れ
②くもり
(2)③大きい
④小さい

まとめ ①朝
②昼すぎ
③変わらない

13ページ 練習のワーク

1 (1)折れ線グラフ
(2)㋐
(3)15℃
(4)午後2時
(5)晴れの日
(6)雲

2 (1)記録温度計
(2)②に○
(3)㋐

てびき 1 晴れの日、朝に低かった気温は、昼すぎに高くなります。気温は夕方にかけて下がり、夜の間も下がり続(つづ)けます。太陽が出てくると、気温も上がり始めます。

2 1日のなかでいちばん高い㋐の気温のことを最高(さいこう)気温、1日のなかでいちばん低い㋑の気温を最低(さいてい)気温といいます。記録温度計を使うと、連続して気温をはかり、記録することができるので、1日の気温の変わり方や最高気温や最低気温を記録した時こくがわかります。

14・15ページ まとめのテスト

1 (1)百葉箱
(2)気温
(3)雲
(4)㋐くもり　㋑晴れ

2 ①、④、⑥、⑦、⑩、⑪に○

3 (1)①㋐　②㋑
(2)晴れの日
(3)㋑
(4)7℃

4 (1)記録温度計
(2)連続して記録することができる。
(3)午前6時
(4)20℃

丸つけのポイント

4 (2)連続して記録できることがかけていれば正かいです。

てびき 1 (1)(2)百葉箱は、日光をさえぎり、あたたまりにくく、風通しがよいようにつくられていて、しばふなどの上に立てられています。これは、気温を正しくはかるためのくふうです。

(4)㋑のように、雲があっても、少しだけのときは、晴れといいます。

2 気温の正しいはかり方を覚えておきましょう。温度計の液だめに息がかかると正しくはかれないため、温度計と顔をはなしてはかります。また、温度計を読むときは、温度計と目が直角になるようにしなくてはいけません。

3 晴れの日は、表の㋑です。この日の記録で、いちばん高い気温は22℃、いちばん低い気温は15℃です。

わかる! 理科 折れ線グラフの線のかたむきからは、変わり方とその大きさがわかります。問題のグラフのような気温の折れ線グラフでは、右上がりになっている部分では気温が上がり、水平になっている部分では気温が変わらず、右下がりになっている部分では気温が下がっていることがわかります。また、折れ線グラフでは、線のかたむきが急であるほど、変わり方が大きいことをしめしています。気温の折れ線グラフでは、かたむきが急であるほど、温度の変わり方が大きいことがわかります。

4 (2)記録温度計を使って、気温を連続してはかると、夜の気温も調べることができます。

💡**わかる！理科** 晴れの日の夜は、夜の間に地球の熱がうちゅうににげてしまいます。そのため、日の出ごろに気温がもっとも下がります。太陽がのぼると、太陽の熱にあたためられて、気温は上がっていきます。くもりや雨の日は、雲によって熱がにげるのがさえぎられるため、夜もあまり気温が下がりません。

(3)(4)記録温度計の、気温の変わり方の記録を読んでみましょう。この場合、時こくは、記録用紙の上にある、横のじくの目もりで読みます。気温は、まん中にある、たてのじくの目もりで読みます。1日のなかでいちばん気温が低いのは、日の出ごろだとわかります。

4 電流のはたらき

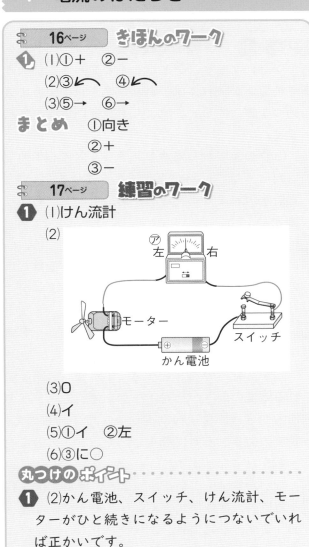

16ページ きほんのワーク

1 (1)①＋ ②－

(2)③↶ ④↶

(3)⑤→ ⑥→

まとめ ①向き

②＋

③－

17ページ 練習のワーク

1 (1)けん流計

(2)

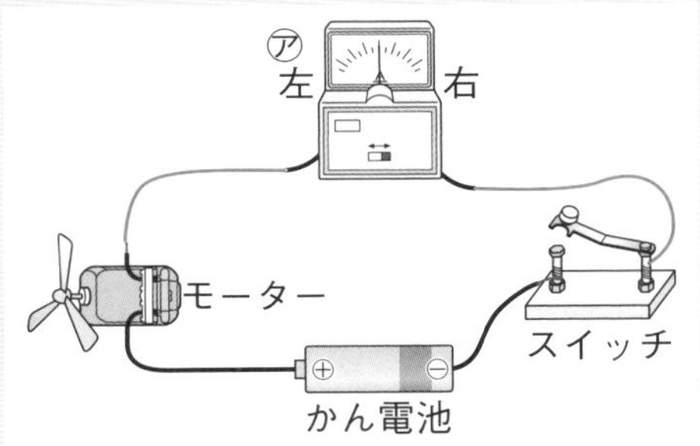

(3)0

(4)イ

(5)①イ ②左

(6)③に○

丸つけのポイント

1 (2)かん電池、スイッチ、けん流計、モーターがひと続きになるようにつないでいれば正かいです。

てびき 1 (1)けん流計を使うと、回路に流れる電流の向きと大きさを調べることができます。

(2)けん流計にかん電池だけをつなぐと、こわれることがあります。必ずモーターなどを回路に入れて、つなぐようにします。

(3)回路に電流が流れていないとき、はりはふれないので、0の目もりをさしています。

(4)電流は、かん電池の＋極からモーターを通って、－極の方向に流れます。けん流計の左から右に電流が流れているとき、けん流計のはりは右にふれます。

(5)かん電池の＋極と－極を反対にすると、電流の向きが反対になるので、けん流計のはりのふれる向きも反対になります。

(6)かん電池の向きを変えても、電流の流れる向きが反対になるだけで、電流の大きさは変わりません。

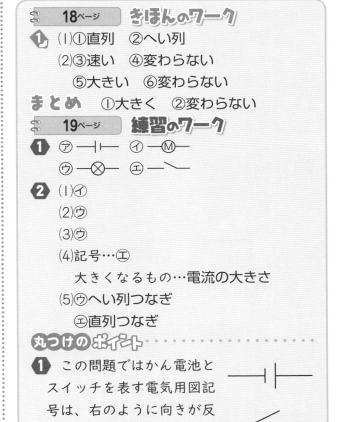

18ページ きほんのワーク

1 (1)①直列 ②へい列

(2)③速い ④変わらない

⑤大きい ⑥変わらない

まとめ ①大きく ②変わらない

19ページ 練習のワーク

1 ㋐ —|⊢— ㋑ —Ⓜ—

㋒ —⊗— ㋓ —⟋ —

2 (1)㋑

(2)㋒

(3)㋒

(4)記号…㋓

大きくなるもの…電流の大きさ

(5)㋒へい列つなぎ

㋓直列つなぎ

丸つけのポイント

1 この問題ではかん電池とスイッチを表す電気用図記号は、右のように向きが反対でも正かいとします。

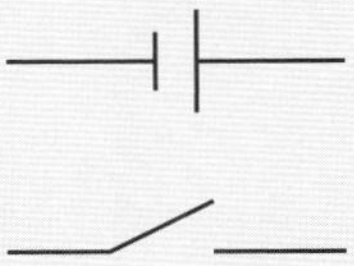

てびき 1 回路を電気用図記号を使って表したものを、回路図といいます。かんたんに図で表すことができ、とても便利です。かん電池の記号は、長さが長いほうが＋極です。

2 (1)かん電池を直列つなぎにするときは、＋極と別のかん電池の－極がつながっているようにします。

(2)かん電池の＋極と－極の向きが㋐と同じものを選びます。

(3)かん電池2こをへい列つなぎにしたときに流れる電流の大きさは、かん電池1このときとほとんど変わらないため、モーターが回る速さもほとんど変わりません。

(4)(5)回路に流れる電流が大きいものを選びます。㋑は、回路が正しくできていないため、電流が流れません。㋒の回路は、へい列つなぎなので、㋐とほとんど変わらない大きさの電流が流れます。㋓の回路は、直列つなぎなので、㋐よりも大きい電流が流れます。

20・21ページ
まとめのテスト

1 (1)㋒

(2)㋑

(3)回らない。

(4)㋒

(5)㋑へい列つなぎ

㋒直列つなぎ

2 (1)①、③に○

(2)はりのふれる向き…電流の向き

はりのさす目もり…電流の大きさ

3 (1)電流

(2)A点…㋑

B点…㋒

(3)

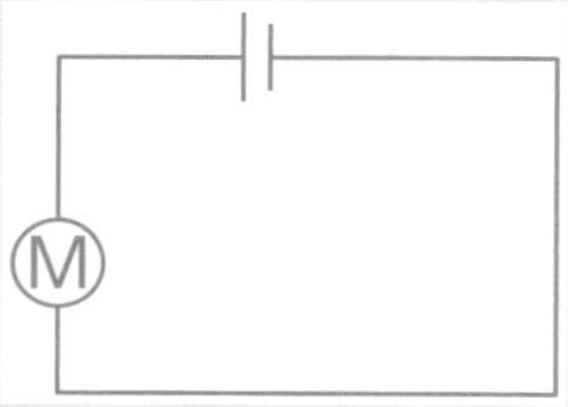

(4)走る向きが反対になる。

(5)①

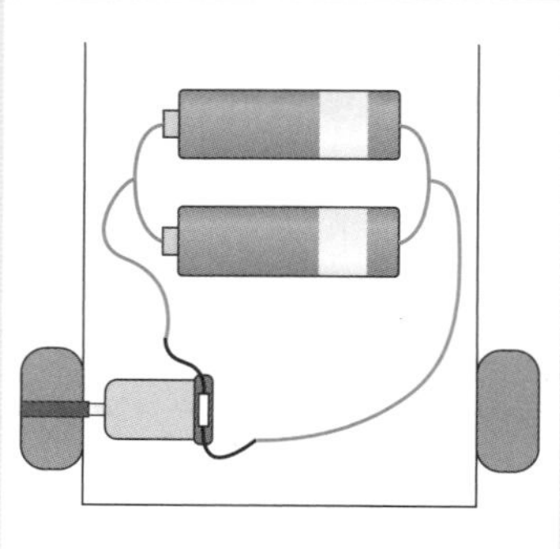

②

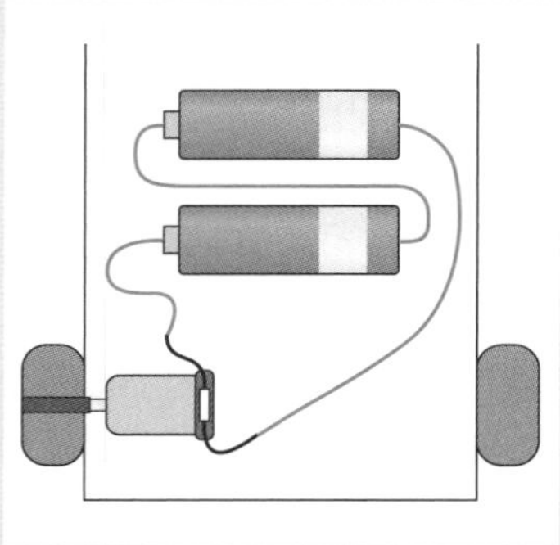

丸つけのポイント

3 (3)右の図のように、記号がたて向きでも正かいです。

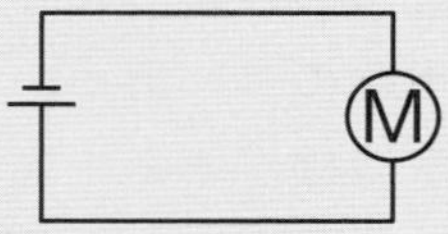

(4)走る向きが反対になることがかけていれば正かいです。

(5)①は2このかん電池がへい列に、②は2このかん電池が直列につなげられていれば正かいです。

てびき

1 (1)(2)(4)かん電池を㋑のようにへい列つなぎにすると、㋐とほとんど変わらない大きさの電流が流れます。かん電池を㋒のように直列つなぎにすると、㋐よりも大きい電流が流れます。

(3)㋒の[あ]のかん電池の向きを反対にしてつないだときは、回路が正しくできていないので、電流が流れません。そのため、モーターも回りません。

2 (1)けん流計にかん電池だけをつないでは、いけません。②のようにかん電池とけん流計だけの回路ができるようにつなぐと、けん流計がこわれてしまうので、やめましょう。

3 (2)電流は、かん電池の＋極からモーターを通り、－極に向かって流れます。

(4)かん電池の向きを反対にすると、回路に流れる電流の向きが反対になります。モーターの回る向きは、電流の向きによって変わるので、電流の向きが反対になると、モーターの回る向きも反対になります。

(5)かん電池2こを直列つなぎにすると、流れる電流の大きさは大きくなり、モーターは速く回ります。かん電池2こをつないでも速さがほとんど変わらなかったことから、かん電池2こをへい列つなぎにしていることがわかります。

5　雨水のゆくえと地面のようす

22ページ　きほんのワーク

[1] (1)㋑をなぞる。
(2)㋒をなぞる。

[2] ①同じ
②体積
③大きい

まとめ ①高い
②低い
③大きさ

23ページ　練習のワーク

1 (1)②に○
(2)㋑から㋐
(3)①低い
②低い

2 (1)㋐
(2)つぶの大きさ

[てびき] **1** (1)(2)ビー玉は低くなっている方に向かって転がるので、㋐の側は㋑の側よりも低いことがわかります。雨水も低くなっている方に向かって流れるので、雨水は㋑から㋐の向きに流れていたと考えられます。

(3)水たまりは、地面がへこんでいるところのように、まわりよりも低いところに雨水が集まってできます。

2 つぶが大きいと、つぶとつぶの間にできるすき間も大きくなるので、水ははやくしみこみます。

24・25ページ　まとめのテスト

1 (1)②に○
(2)㋐[い]　㋑[う]
(3)②に○

2 (1)③、⑤に○
(2)すな場のすな
(3)つぶの大きさが大きいほうが水はしみこみやすい。
(4)すな場

丸つけのポイント

2 (3)「つぶの大きさが大きいほうが水ははやくしみこむ。」または「つぶの大きさが小さいほうが水はしみこみにくい。」などとかいても正かいです。

[てびき] **1** (1)ビー玉は地面の高いところから低いところに向かって転がるので、ビー玉の転がるようすから、地面のかたむきを調べることができます。

(2)水たまりは、まわりより低いところにできます。また、ビー玉は高い方から低い方に転がるので、㋐の真ん中にビー玉を置くと[い]の方へ、㋑の真ん中にビー玉を置くと[う]の方へ転がります。

(3)鉄ぼうの下に水たまりができていることから、鉄ぼうの下はまわりよりも低くなっていることがわかります。

2 (1)水のしみこみ方を正しく調べるには、調べたいこと以外のじょうけんを同じにします。コップに入れるすなや土の体積と水の量は同じにします。

(3)つぶの大きいすな場のすなのほうが水がすべてしみこむまでにかかった時間が短いことから、つぶが大きいほうが、水はしみこみやすい(はやくしみこむ)ことがわかります。

(4)水がはやくしみこむほど水はたまりにくくなると考えられるので、つぶの大きいすな場のほうが水たまりはできにくいと考えられます。

暑くなると

26ページ きほんのワーク

1 ①「たくさん」に◯
②「こく」に◯

2 ①よくのびる
②多く
③黄

まとめ ①暑くなる
②成長

27ページ 練習のワーク

❶ (1)㋐
(2)夏
(3)22℃

❷ (1)㋑
(2)緑色

❸ (1)花
(2)①に○
(3)いえる。
(4)高くなったから。

てびき ❶ (1)(2)夏は春とくらべて気温が高くなります。したがって、夏の気温を表しているのは㋐のグラフだとわかります。

(3)㋑のグラフは、1目もりが1℃を表しています。㋑のグラフの23日は、20℃よりも2目もり上なので、22℃とわかります。

❷ 春になると、サクラは冬ごししたえだに、花をさかせます。花がさいた後、新しいえだがのびて、葉の数もふえます。冬ごししたえだは茶色ですが、春からのびた新しいえだは緑色をしています。

❸ 夏になると、気温が高くなってくるため、植物の育ちがよくなります。くきも長くなり、葉も大きくなってたくさんしげります。

28ページ きほんのワーク

1 (1)①大きく
(2)②食べ物（えさ）
(3)③さかん（活発）
④ふえる

まとめ ①さかん
②ふえる

29ページ 練習のワーク

❶ (1)土の中
(2)①イ
②ア
③ウ
(3)①暑く
②成虫

❷ (1)㋐ヒキガエル
㋑カブトムシ
㋒ナナホシテントウ
(2)[う]→[い]（→[あ]）
(3)よく成長する。
(4)さかんになる。

てびき ❶ (1)(3)セミはトンボやバッタのように、さなぎにならずによう虫から成虫になるこん虫のなかまです。よう虫のころは数年間、土の中で木の根からしるをすって育ちます。

(2)暑くなると、たくさんのセミがさかんに鳴きます。セミの鳴き声は、種類によってちがいがあります。よく聞いてみましょう。

わかる! 理科 セミの成虫は、木の皮の中にたまごをうみます。たまごは、その年か次の年の春から秋ごろにかえります。たまごからかえったよう虫は、土の中にもぐり、数年間土の中でくらします。

❷ (1)㋑カブトムシは、木のしるをなめるので、木のみきにたくさん集まっているようすが見られます。

(2)[あ]は成虫、[い]はさなぎ、[う]はよう虫です。ナナホシテントウは、たまご→よう虫→さなぎ→成虫の順に育ちます。

わかる! 理科 ナナホシテントウは、よう虫からさなぎになって、成虫になります。これに対して、オオカマキリやオンブバッタは、さなぎにならずによう虫から成虫になります。

(3)(4)気温が高くなると、動物はよく成長し、さかんに動き回るようになります。

30・31ページ まとめのテスト

1 (1)①5cm ②10cm
③20cm ④45cm

(2)

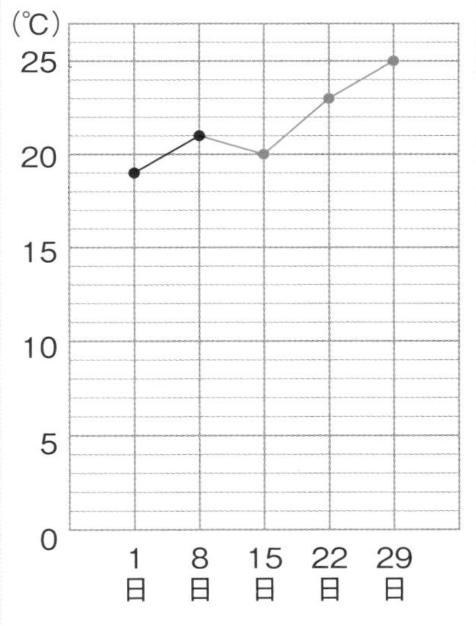

(3)

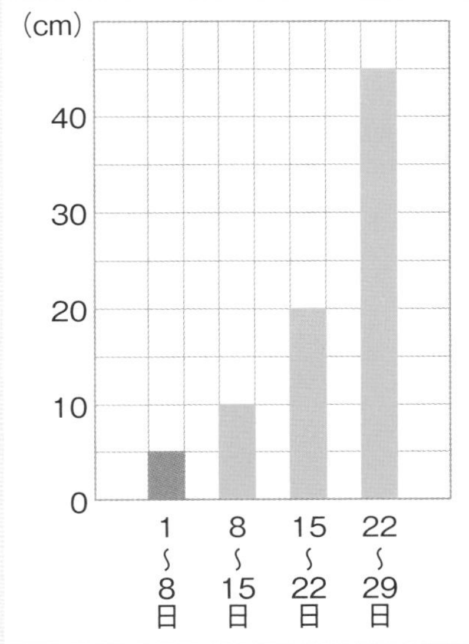

(4)くきはよくのびるようになり、葉の数はふえる。

2 (1)①子ども
②親鳥
③食べ物
(2)②に○

3 (1)㋑
(2)①に○
(3)イ
(4)大きくなっている。
(5)さかんになる。(活発になる。)

丸つけのポイント

1 (2)15日(20℃)、22日(23℃)、29日(25℃)の各点をうち、となり合った点を直線で結んだグラフがかけていれば正かいです。
(3)8～15日(10cm)、15～22日(20cm)、22～29日(45cm)の3つをぼうグラフに表せていれば正かいです。
(4)くきがよくのびるようになっていることと葉の数がふえることの両方についてかけていれば正かいです。

てびき **1** (1)6月8日から6月15日の間のくきののびは、6月15日のくきの長さ(35cm)から、6月8日のくきの長さ(25cm)をひけば求(もと)められます。計算すると、35−25＝10(cm)となり、この期間のくきののびは10cmであることがわかります。同じようにして、ほかの期間のくきののびを求めることができます。
(2)(3)折れ線グラフも、ぼうグラフもきちんとかけるようにしましょう。2つのグラフをならべてみると、気温が高くなると、くきもよくのびていることがわかります。このように、グラフにまとめることで、考えやすくなることがあります。

2 春にうまれたひな(子ども)は、空を飛べるようになってきますが、まだ食べ物を自分でとることができません。巣の中や電線の上などで、親鳥から食べ物をもらいます。

3 春にうまれたオオカマキリのよう虫は、からだが大きくなり、㋑のように、ほかのこん虫を食べて成長します。見た目は成虫とそっくりですが、はねがありません。㋐はカブトムシの成虫です。冬をこしたカブトムシのよう虫は、春になると土の中でさなぎになり、成虫になってしばらくしてから土の中から出てきます。カブトムシはクヌギなどの木のしるに集まります。

夏の星

32ページ きほんのワーク

1 (1)①ベガ
②デネブ
③アルタイル
(2)④星ざ
(3)⑤南
(4)⑥アンタレス
⑦1
(5)⑧「明るい」に○

まとめ ①明るい
②星ざ

33ページ 練習のワーク

1 (1)星ざ早見
(2)7月15日
(3)㋑
(4)②に○

2 (1)おおぐまざ
(2)こぐまざ
(3)ほくと七星
(4)北極星（ほっきょくせい）

てびき 1 (2)午後8時(20時)の線が示しているのは、7月15日です。

(3)星ざ早見は、調べたい空の方位の文字を下にして持ちます。

(4)アンタレスは赤色、ベガは白色など、星によって色はちがっています。また、明るさも星によってちがい、明るい順に、1等星、2等星…と分けられています。

2 北の空には、北極星がかがやいています。北極星は、1年中、時こくに関係なく北にあるので、昔から方位を知るのに役立ってきました。北の空を観察するときはほくと七星を目印にすると、観察したい星や星ざを見つけやすいです。

34・35ページ まとめのテスト

1 (1)㋐はくちょうざ
㋑ことざ
㋒わしざ
(2)㋑
(3)1等星
(4)夏の大三角
(5)①○ ②×
③× ④○
⑤○
(6)方位じしん

2 (1)さそりざ
(2)③に○
(3)アンタレス
(4)②に○

3 (1)7月13日
(2)[い]
(3)北極星
(4)おおぐまざ

てびき 1 ㋐の星がある、つばさを大きく広げたはくちょうのように見える星ざが、はくちょうざです。夏の大三角は、はくちょうざの尾（お）の部分にあたるデネブと、ことざのベガと、わしざのアルタイルの3つの1等星からなります。

わかる！理科 天の川は銀河（ぎんが）ともよばれ、星がたくさん集まって、光のおびのように見えます。

2 さそりざは、夏に南の空の低いところに見られます。赤い1等星のアンタレスが目印です。

3 (1)星ざ早見を使うときは、観察したい月日の目もりと、時こくの目もりを合わせます。午後8時(20時)の目もりの先を見ると、月日の目もりは7月13日に合っています。

(2)星ざ早見は、観察する方位を下にして持ち、上にかざして、夜空の星とくらべます。

(3)こぐまざのしっぽの先の星が北極星です。

(4)ほくと七星は、おおぐまざのしっぽを形づくっています。

6 月や星の見え方

36ページ きほんのワーク

[1] (1)①半月
(2)②東
③南
④西
[2] ①三日月
②満月
まとめ ①東
②西
③変わる
④同じように

37ページ 練習のワーク

1 (1)㋒
(2)①東
②西
2 (1)方位じしん
(2)満月
(3)南
(4)①東
②南
③西

てびき **1** この半月は、夕方に南の空に見え、西の方へと見える位置が変わっていった後、真夜中に西の方へしずみます。
2 (4)満月は、夕方、東の方から出て、真夜中ごろに南の空高くにのぼります。その後、西の方へしずむように位置が変わっていきます。このように、満月の見える位置は、太陽と同じように変わります。また、月は、見える形がちがっても位置の変わり方は同じです。

38ページ きほんのワーク

[1] (1)①カシオペヤ
(2)②「同じ」に◯
(3)③変わる
④変わらない
まとめ ①変わる
②変わらない

39ページ 練習のワーク

1 (1)㋐はくちょうざ
㋑カシオペヤざ
(2)[あ]
(3)変わる。
(4)変わらない。
2 (1)夏の大三角
(2)[い]
(3)星のならび方

てびき **1** 星の位置は、時間がたつと変わっていきますが、星ざの星のならび方は、時間がたっても変わりません。
2 はくちょうざのデネブ、ことざのベガ、わしざのアルタイルをむすんだ三角形を夏の大三角とよびます。
　夏の大三角は南の空から西の空に動くとともに、位置が変わって見えます。このとき、星のならび方は変わりません。

わかる！理科 東の空の星も太陽や月と同じように、南の空に高くのぼり、そのあと西の方へしずんでいくように見えます。また、北の空の星は北極星を中心に時計のはりと反対向きに回っているように見えます。

40・41ページ まとめのテスト

1 (1)半月
(2)㋐東
㋑西
(3)④に◯
(4)[い]
(5)㋒
(6)①同じように
②東
③南
④西
2 (1)②、③に◯
(2)変えない。
(3)南
3 (1)カシオペヤざ
(2)①に◯
4 ①◯　②×　③◯

[てびき] **1** (2)月の見える位置の変わり方は、月の形にかかわらず、太陽の見える位置の変わり方と同じです。月も太陽も、東から南、南から西へと見える位置が変わっていくので、㋐が東、㋑が西であるとわかります。

(4)月の見える位置は、東→南→西と変わります。半月は午後6時には南にあるので、午後4時には、東よりの位置に見えたと考えられます。

(5)午後10時には、午後8時の位置より西へと位置が変わります。この形の半月は、東から南の空へのぼるときには㋐のようにかたむいていて、南の空にあるころには㋑のかたむきに、南から西の空にしずんでいくときには、㋒のようなかたむきになっています。このように、少しずつかたむきを変えながら、月の見える位置は、変わっていきます。

わかる! 理科　右半分が光って見える半月は、正午ごろに東からのぼり、午後6時ごろ南の空に見えます。そして、だんだん西へ位置を変え、真夜中に西へしずみます。

2 (2)時こくを変えて月を観察するとき、観察する場所を変えると、月の位置の変わり方などを正しく観察することができません。必ず同じ場所で観察しましょう。

3 カシオペヤざは、北の空に見られます。北の空の星は、北極星を中心に、時計のはりと反対向きに回っているように見えます。

4 ①月の見える形は日によって変わりますが、どのような形に見えるときでも、見える位置は東から南を通って西へ変わります。

②夕方、南の空には右半分が光って見える半月が見られます。満月が南の空に見えるのは、真夜中です。どちらの月も、見える位置は東から南の空を通って西へと変わります。

③星や星ざでは、時こくによって見える位置は変わりますが、星のならび方は変わりません。

7 自然のなかの水のすがた

42ページ　きほんのワーク

1 (1)①へった
②変わらなかった
(2)③じょう発

2 ①水じょう気　②水
③結ろ

まとめ　①じょう発
②水じょう気
③水

43ページ　練習のワーク

1 (1)水の量の変わり方をわかりやすくするため。
(2)水てき(水)
(3)㋐
(4)①水じょう気　②空気
(5)じょう発

2 (1)①に○
(2)①空気中
②水じょう気
③水　④結ろ

丸つけのポイント

1 (1)水の量の変わり方をわかりやすくすることがかけていれば正かいです。「印をつけておかないと、水の量が変わっても変わったかどうかがわかりづらいから。」「へった水の量がわかりやすいから。」なども正かいです。

[てびき] **1** ㋐、㋑どちらのビーカーの水も、表面からじょう発しています。このとき、おおいをしていない㋐のビーカーの水面からじょう発した水は、空気中へと出ていくので、中の水の量がへっていきます。一方、㋑のビーカーは、おおいをしてあるので、じょう発した水はおおいの外へ出ていくことができず、ビーカーやおおいの内側に水てきとなってつきます。

また、初めの水面の位置に印をつけておくと、初めと3～4日後の水の量がどれぐらい変わったかをくらべやすくなります。

2 空気中には、目に見えない水じょう気のすがたの水がふくまれています。水じょう気は、コップの表面で冷やされると、目に見える水とな

り、コップの表面に水てきがつきます。これを、結ろといいます。

44・45ページ まとめのテスト

1 (1)㋐

(2)水てき(水)

(3)水じょう気になって、空気中へ出ていった。

2 ①○　②○　③×　④×

⑤×　⑥○

3 (1)590g

(2)①じょう発

②空気

③水

4 (1)①表面

②冷やされ

(2)結ろ

(3)つく。

丸つけのポイント

1 (3)「目に見えないすがたに変わって、空気中へ出ていった。」「じょう発して、空気中へ出ていった。」など、水じょう気になって空気中へ出ていったことについてかけていれば正かいです。

てびき **1** おおいをしていなかった㋐に入っていた水は、じょう発して空気中へ出ていきますが、おおいをしていた㋑の水は、おおいの外の空気中へ出ていくことができず、おおいやビーカーの内側に水てきとなってつきます。

2 ③校庭の水たまりの水は、土にしみこんでいくだけでなく、じょう発して空気中に出ていきます。

わかる！理科 空気中の水じょう気は、冷える場所や冷え方のちがいで、いろいろな物にすがたを変えます。地面の近くで冷やされ、小さな水のつぶとなってうかんだものがきりです。また、植物などの表面にふれて冷やされ、水のつぶになったものがつゆです。

3 ほす前のタオル800gから、ほした後のタオル210gを引いた重さが、タオルにふくまれていて空気中に出ていった水の重さです。

4 (3)水じょう気は、空気中のどこにでもあるので、冷やされたペットボトルなどのよう器をどこに置いても、空気中の水じょう気が冷やされ、結ろし、水になって、よう器に水てきがつきます。

わかる！理科 氷水を入れたコップや、よく冷えた飲み物のよう器のまわりに水てきがつくのは、コップやよう器の中の水がしみ出てきたからではありません。これは、コップやよう器のまわりの空気中の水じょう気が、冷たいコップやよう器で冷やされて、水に変わったからです。

すずしくなると

46ページ きほんのワーク

1 (1)①茶色

②赤色

(2)③かれ

(3)④実

まとめ ①実

②たね

③かれ

47ページ 練習のワーク

1 (1)㋐

(2)㋓

(3)イ

(4)かれ落ちる。

2 (1)㋐

(2)㋑

(3)①、④に○

てびき **1** ㋑はサクラの夏のようす、㋒はアジサイの夏のようすです。サクラもアジサイも、葉は、色が変わった後にかれ落ちますが、えだや根などはかれません。

2 ツルレイシは、夏にたくさんの実ができて、秋のころには、㋐のように実がオレンジ色になっています。そして、たねを地面に落とし、葉がかれ始めます。ヘチマもツルレイシと同じように成長し、夏に花をさかせた後、実をつけています。秋のころにはその実が茶色くなり、中にはたねがたくさんできていて、地面に落ちているたねもあります。

48ページ きほんのワーク

1 (1)①たまご

(2)②南

(3)③「あまり見られなく」に⬭

④「へる」に⬭

まとめ ①低く

②見られなく

49ページ 練習のワーク

1 (1)㋐

(2)たまご

2 (1)イ

(2)あまり見られなくなる。

3 (1)㋑

(2)下がった。(低くなった。)

てびき **1** ㋐は秋のようすで、成虫がたまごをうんでいるところです。㋑は春のようすで、たまごからよう虫がかえっているところです。㋒は夏のようすで、よう虫が成長し、ほかのこん虫を食べているところです。

わかる! 理科 秋になると、オオカマキリだけではなく、バッタやコオロギも、たまごをうみます。

トノサマバッタのめすは、はらを土の中に入れてたまごをうみます。

また、エンマコオロギのめすは、はらの先にさんらん管(かん)とよばれるくだをもっており、この管(くだ)を土の中にさして、たまごをうみます。

たまごをうんだ後、成虫は死んでしまいます。

2 秋になると、夏のころより気温が低くなり、すずしくなります。すずしくなると、こん虫などの動物には、すがたや活動のようすがあまり見られなくなるものがいます。その一方、コオロギなど、すずしくなるとさかんに鳴くこん虫もいます。

3 秋になると、夏のころより気温が低くなり、日ごとに気温が下がっていきます。植物の成長や動物の活動は、気温によって、大きく変化します。

50・51ページ まとめのテスト

1 (1)㋐ア ㋑カ

(2)②に○

(3)たね

(4)[い]

(5)下がったから。(低くなったから。)

2 ①× ②○

③× ④×

3 ①○ ②○ ③×

④× ⑤○

4 ①

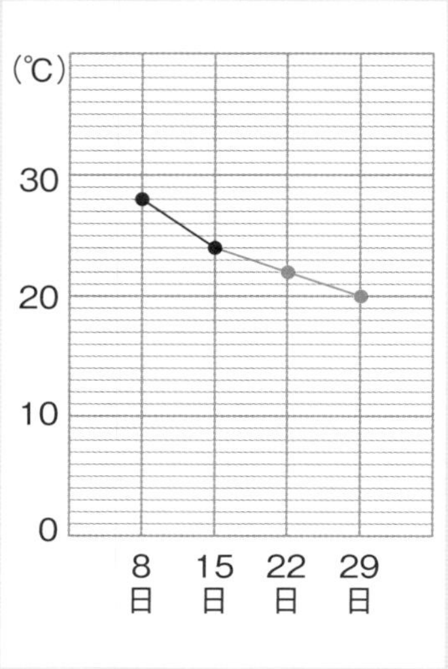

②

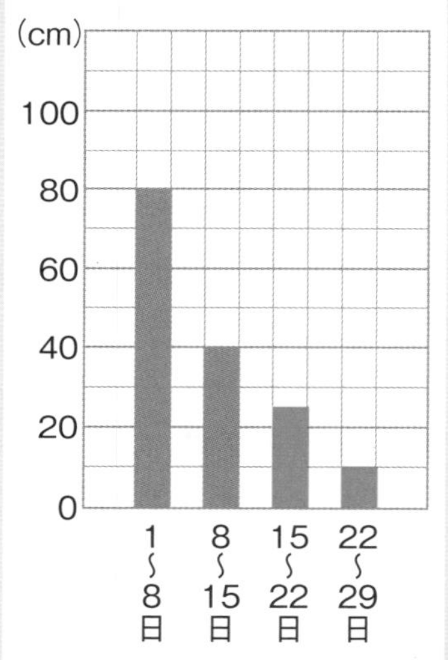

丸つけのポイント

4 ①22日(22℃)の点と、29日(20℃)の点をそれぞれグラフにかき入れ、22日と29日の点、15日と22日の点を直線で結んだグラフがかけていれば正かいです。

②目もりに合わせて、15〜22日(25cm)、22〜29日(10cm)のそれぞれののびがかけていれば正かいです。

緑色で、水分が多くて重く、中には小さくて白
いたねがあります。実がじゅくしてくると、皮
は茶色になり、実の中は水分が少なくなって軽
くなり、うすい茶色のかたいスポンジのように
なります。実の中には、黒いたねがあります。
　　(4)⑥はキュウリ、⑦はツルレイシのたねです。

💡わかる! 理科　ツルレイシの若い実は緑色
ですが、じゅくすとオレンジ色になります。
野菜としてよく食べられるのは、緑色の若い
実です。
　　じゅくした実は、われて開き、たくさんの
たねがむき出しになります。

2 ①は春から夏にかけてのようす、③は春のよ
うす、④は夏のようすです。

3 ③は春のようす、④は夏のようすです。
　　動物の多くは、あたたかい季節にさかんに活動
します。秋になり、気温が下がってくると、動
物のすがたや活動のようすは、夏のころよりも
見られなくなります。

4 秋になって気温が下がってくると、ヘチマの
くきののび方は小さくなっていきます。

8　とじこめた空気と水

52ページ　きほんのワーク
1 (1)①小さく
　　(2)②空気
2 ①小さくなる
　　②大きくなる
まとめ　①体積
　　　　　②大きくなる

53ページ　練習のワーク
1 (1)①、②に○
　　(2)(つつの中の)空気
2 (1)①に○
　　(2)(注しゃ器の中の)空気
　　(3)②に○
　　(4)②に○

てびき 1 (1)プラスチックのつつに、玉をつめ
ておしぼうでおすと、つつの中にとじこめられ
た空気の体積が小さくなり、空気のおし返す力
が大きくなります。
　　(2)前の玉は、体積が小さくなったつつの中の
空気が、もとの体積にもどろうとおし返す力で、
飛び出します。後ろの玉が前の玉をおしたわけ
ではありません。
2 注しゃ器に空気を入れてピストンをおすと、
とじこめた空気の体積は小さくなります。
　　空気は、体積が小さくなるほど、おし返す力
が大きくなるため、ピストンをおし下げていく
と、手ごたえも大きくなっていきます。

54ページ　きほんのワーク
1 (1)①20
　　(2)②「変わらない」に○
　　(3)③小さくなる
　　　　④変わらない
まとめ　①小さくなる
　　　　　②変わらない

55ページ　練習のワーク
1 (1)②に○
　　(2)③に○
2 (1)②に○
　　(2)①空気　②水

[てびき] ❶ とじこめた水をおしても体積が変わらないので、ピストンの位置は変わりません。

❷ ㋑の注しゃ器は、空気が入っているので、空気の体積が小さくなりピストンが下がりますが、㋐の注しゃ器は水しか入っていないので、体積が変わらずピストンは下がりません。

56・57ページ まとめのテスト

1 (1)②に○
(2)㋐
(3)㋐

2 (1)㋑
(2)㋑
(3)おし返す力
(4)②に○

3 (1)できる。
(2)小さくなる。
(3)できない。
(4)変わらない。
(5)②に○
(6)体積が小さくなった空気が、もとの体積にもどろうとするから。

4 (1)㋐
(2)とじこめられた空気は、おされると体積が小さくなるが、水はおされても体積が変わらないから。
(3)もとの位置までもどる。
(4)体積が小さくなった空気が、もとの体積にもどろうとするから。

丸つけのポイント

3 (6)空気がもとの体積にもどろうとすることがかけていれば正かいです。

4 (2)空気は体積が小さくなるが、水は体積が変わらないことがかけていれば正かいです。
(4)空気がもとの体積にもどろうとすることがかけていれば正かいです。

[てびき] **1** 空気がたくさん集められている㋐のほうが、おされたときのおし返す力が大きいため、手ごたえも大きく感じます。

2 (3)体積が小さくなったつつの中の空気が、もとの体積にもどろうとしておし返す力で、前の玉は飛びます。

わかる! 理科 つつの中に空気を入れると玉がよく飛びます。このときの玉が飛ぶしくみは、次の通りです。

おしぼうをおすと、つつの中の空気はおされて体積が小さくなっていき、もとの体積にもどろうとする力がしだいに大きくなります。この力が前の玉をおすことにより、前の玉が飛びます。

一方、つつの中に水を入れておしぼうをおした場合は、玉はあまり飛びません。これは、水はおしても体積が変わらないので、もとにもどろうとする力がはたらかないためです。

3 (6)空気は、体積が小さくなるほど、もとの体積にもどろうと、おし返す力が大きくなります。外から加わる力がなくなると、おし返す力によって、空気の体積はもとにもどります。そして、もとの体積にもどると、おし返す力はなくなります。

4 (1)(2)空気と水を注しゃ器に入れてピストンをおすと、空気の体積が小さくなります。水の体積は変わりません。㋐は、水の体積は変わらず、空気の体積が小さくなっています。㋑は、空気の体積は変わらず、水の体積が小さくなっています。㋒は、空気の体積も、水の体積も小さくなっています。

9　物の体積と温度

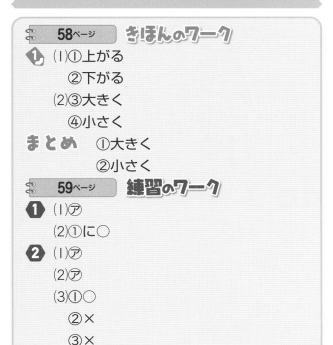

58ページ　きほんのワーク

❶ (1)①上がる
②下がる
(2)③大きく
④小さく

まとめ　①大きく
②小さく

59ページ　練習のワーク

❶ (1)㋐
(2)①に○

❷ (1)㋐
(2)㋐
(3)①○
②×
③×

てびき ❶ (1)試験管を手でにぎると、試験管の中の空気はあたためられます。空気はあたためられると体積が大きくなるので、中の空気におされてせっけん水のまくがふくらみます。

(2)試験管を下向きにしてにぎっても、試験管の中の空気はあたためられて体積が大きくなります。試験管の向きが変わっても、空気の体積の変わり方は同じなので、せっけん水のまくは(1)のときと同じように、試験管の中の空気におされてふくらみます。

❷ この実験では、温度による空気の体積の変わり方を調べています。試験管の中の空気の体積が大きくなればガラス管の中の水は上に動き、試験管の中の空気の体積が小さくなればガラス管の中の水は下に動きます。また、初めの位置から水が大きく動いているほど、体積の変わり方は大きいことがわかります。

60ページ　きほんのワーク

❶ (1)①上がる
②下がる
(2)③大きく
④小さく
(3)⑤「小さい」に○

まとめ　①大きく
②小さく
③小さい

61ページ　練習のワーク

❶ (1)ア
(2)エ
(3)イ
(4)①体積
②(ずっと)小さい

てびき ❶ (1)(2)㋐の水は、試験管の中の空気の体積が大きくなると空気におされて上へ、空気の体積が小さくなると下へ動きます。㋑の水面は、試験管の中の水の体積が大きくなると上へ、水の体積が小さくなると下へ動きます。空気も水もあたためると体積が大きくなり、冷やされると体積が小さくなります。したがって、試験管を湯につけてあたためると、㋐の水は上へ、㋑の水面も上へ動きます。また、氷水につけて冷やすと、㋐の水は下へ、㋑の水面も下へ動きます。

(3)(4)温度による体積の変わり方は、空気よりも水のほうがずっと小さいので、㋐、㋑のようにした空気と水を、同じようにあたためたり冷やしたりしたとき、㋐の水のほうが㋑の水面の位置よりも大きく動きます。

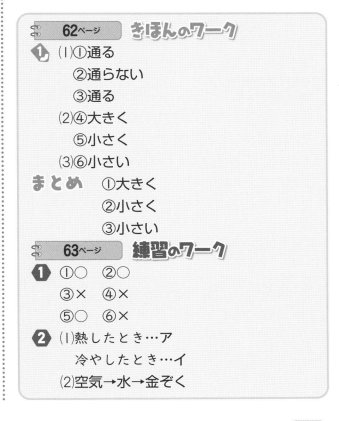

62ページ　きほんのワーク

❶ (1)①通る
②通らない
③通る
(2)④大きく
⑤小さく
(3)⑥小さい

まとめ　①大きく
②小さく
③小さい

63ページ　練習のワーク

❶ ①○　②○
③×　④×
⑤○　⑥×

❷ (1)熱したとき…ア
冷やしたとき…イ
(2)空気→水→金ぞく

て使うと、加熱器具がたおれて火が広がってし
まうきけんがあります。

②③加熱器具のまわりにもえやすい物を置い
たまま火をつけたり、火をつけたまま加熱器具
を持ち歩いたりすると、ほかの物に火がうつっ
てしまうきけんがあります。

④⑤熱した金ぞくをさわるとやけどをするの
で、冷めるまでさわってはいけません。水で冷
やしても、じゅうぶん冷えていないことがある
ので、しばらくはさわってはいけません。

⑥実験用ガスこんろのガスボンベは、冷えて
からはずします。ガスボンベをはずしたら、実
験用ガスこんろのつまみを回して火をつけ、ガ
スこんろの中に残っているガスを使い切ります。

2 (1)熱すると金ぞくの球が、輪を通らなくなっ
たことから、体積が大きくなったと考えられま
す。反対に、冷やすと金ぞくの球が、輪を通る
ようになったことから、体積が小さくなったと
考えられます。

(2)湯であたためた空気や水は、目で見てわか
るぐらい体積が大きくなり、空気と水では、空
気のほうが温度による体積の変わり方が大きい
です。一方、金ぞくの球は、熱したときは輪を
通らなくなりましたが、湯であたためたときは、
金ぞくの輪を通りぬけています。このことから、
金ぞくは湯であたためても体積があまり大きく
ならない(体積の変わり方が小さい)と考えられ
ます。

わかる！理科 金ぞくも、空気や水と同じよ
うに、あたためると体積が大きくなり、冷や
すと体積が小さくなります。しかし、体積の
変化がとても小さく、目で見てたしかめるこ
とがむずかしいため、この問題のように、輪
を通りぬけることができるかどうかを調べ
ます。

64・65ページ まとめのテスト

1 (1)ふくらむ。

(2)㋐

(3)へこむ。

(4)㋐

(5)①、④に○

2 (1)通らない。

(2)通る。

(3)①大きく

②小さく

(4)②に○

3 ①×　②○

③×　④○

⑤×　⑥×

くなるため、せっけん水のまくも水面もふくら
みます。冷やしたときは、空気も水も体積が小
さくなるのでどちらもへこみます。水より空気
のほうが、温度による体積の変わり方が大きい
ので、空気の入っている㋐のほうが、変わり方
が大きくなります。

2 (1)～(3)金ぞくの球を熱すると、体積が大きく
なるので輪を通りませんが、冷やされて体積が
小さくなると、通るようになります。

(4)温度による体積の変わり方が大きい順に、
空気、水、金ぞくとなります。

3 ①冬になると電線がちぢむので、夏よりたる
みが小さくなります。

わかる！理科 電車が走っているときに聞こ
える「ガタンゴトン」という音は、レールと
レールのつなぎ目のすき間を、電車の車輪が
通るときに出る音です。寒い冬はレールの体
積が小さくなって短くなり、つなぎ目のすき
間が大きくなるのでこのような音が大きくな
ります。最近では、長いレールを使っている
ところがよく見られ、レールとレールのつな
ぎ目もへりました。この長いレールものびち
ぢみしますが、のびちぢみしても大丈夫なよ
うにくふうされています。

③金ぞくのふたをあたためると、ふたの体積
が大きくなって、びんとのすき間が広がり、あ
けやすくなることがあります。

10　物のあたたまり方

66ページ　きほんのワーク

1 (1)①あたたまり

(2)②あ→い→う

③い→う→あ

④あ→い→う

⑤う→い→あ

まとめ　①熱せられたところ　②全体

67ページ　練習のワーク

1 ㋐に○

2 (1)う→い→あ→え

(2)き

(3)くとけ

(4)㋓

てびき 1 金ぞくは、熱したところから順に遠くの方へあたたまっていきます。よって、初めにし温インクの色が変わるのは、熱した部分に近いところです。

2 (1)金ぞくをあたためると、熱したところから順にあたたまっていきます。そのため、金ぞくの板をあたためたとき、熱したところを中心に円の形をえがくように、し温インクの色が変わっていきます。

(2)(3)㋑の板では、し温インクは、き→く・け→かの順に色が変わっていきます。

68ページ　きほんのワーク

1 (1)①上

(2)②21　③18

(3)④上　⑤動く

まとめ　①上　②動きながら

69ページ　練習のワーク

1 (1)ア

(2)㋐

(3)①上　②全体

(4)イ

2 (1)低くなっている。

(2)下に動く。

てびき 1 (2)ヒーターによってあたためられた空気は、上の方へ動きます。そのため、ゆかの近く(㋑)より、部屋の高いところ(㋐)のほうが温度は高くなります。

2 水の入ったポリエチレンのふくろのまわりの空気は冷たくなっています。線こうのけむりは、ふくろのまわりの空気にのって下へと動きます。

わかる! 理科　部屋の上の方についているエアコンを使って部屋をあたためたいときは、エアコンのふき出し口を下向きにします。これは、あたたかい空気が上へ動くためです。このとき、エアコンのふき出し口を上向きにしてしまうと、あたたかい空気が上の方にたまってしまい、部屋全体があたたまるのに時間がかかってしまいます。

70ページ　きほんのワーク

1 (1)①上

(2)②上

(3)③上

(4)④「空気」に○

⑤「動きながら全体が」に○

まとめ　①上

②動く

71ページ　練習のワーク

1 (1)㋐

(2)変わる。

2 (1)②に○

(2)㋑に○

(3)①に○

(4)ちがう。

てびき 1 水を下から熱すると、上の方からあたたまり、やがて全体があたたまります。し温インクは、あたたまると、およそ40℃で青色からピンク色に変わります。

2 あたためられた水は、熱せられたところから上の方へ動きます。水は空気と同じように、動きながら全体があたたまっていきます。金ぞくは、熱せられたところから順にあたたまっていき、やがて全体があたたまります。水と金ぞくのあたたまり方はちがうので、注意しましょう。

わかる！理科 水はとう明なので、ただあたためるだけでは、はっきりとその動きを見ることはできません。このため、ビーカーの底に、絵の具やみそ、お茶の葉などを入れて、それらの動きから、水が動きながらあたたまっていくようすを調べます。

72・73ページ　まとめのテスト

1 (1)②に○
(2)①[う]　②[お]　③[き]
(3)②に○

2 (1)[あ]
(2)[か]

3 (1)水の動き方を見る(見やすくする)ため。
(2)㋐
(3)①空気　②上

4 (1)部屋の高いところ
(2)㋒
(3)②に○

丸つけのポイント

3 (1)水の動き方を見るため、または、水の動き方を見やすくするためであることがかけていれば正かいです。

てびき **1** (2)(3)金ぞくは、熱しているところの近くから順にあたたまっていきます。最初にインクの色が変わるのは、熱しているところにいちばん近い[う]、最後にインクの色が変わるのは、熱しているところからいちばん遠い[お]です。[あ]の部分とほぼ同時にインクの色が変わるのは、熱しているところから同じぐらいのきょりにある[き]であると考えられます。

2 ㋐のように、上の方を熱すると、あたためられた水が上にたまるので、全体があたたまるのに時間がかかってしまいます。㋑のように、下の方を熱すると、あたためられた水は上へ動くので、上の方から[え]→[お]→[か]の順にあたたまります。

3 (1)水はとう明なので、そのまま熱しても動きがわかりづらいです。絵の具を入れると、水といっしょに絵の具が動くので、水が動くようすが見やすくなります。

(2)熱している部分であたためられた水は、上へ動きます。あたためられた水が上へ動くと、熱している部分へまわりから水が流れこみ、流れこんだ水があたためられます。このように、水が動きながらあたためられ、やがて、全体があたたまります。

4 あたためられた空気は、上へ動くので、まず部屋の高いところがあたたまります。しばらくすると、ゆかに近いところもあたたまってきます。

冬の星

74ページ　きほんのワーク

1 (1)①冬の大三角
(2)②オリオン
(3)③ちがいがある
④ちがいがある
(4)⑤「変わる」に○
⑥「変わらない」に○

まとめ　①ちがいがある
②位置
③ならび方

75ページ　練習のワーク

1 (1)①リゲル　②ベテルギウス
③シリウス　④プロキオン
(2)冬の大三角
(3)見える位置…変わる。
ならび方…変わらない。
(4)明るさ…ある。
色…ある。

てびき **1** (1)㋒の星は、シリウスとよばれていて、星ざを形づくっている星の中で、いちばん明るい星です。アルデバランは、オリオンざの右上の方向に見られる1等星の名前です。また、プレアデス星だんとは、アルデバランよりもさらに右上の方向に見られる、青白い星の集まりの名前です。日本では、すばるともよばれています。

(3)冬の星も、夏の星と同じように、時間がたつと位置が変わります。また、星のならび方は、時間がたっても変わりません。

寒くなると

76ページ きほんのワーク

1 (1)①芽

(2)②かれ

③かれない

④かれる

(3)⑤−6

まとめ ①かれる

②かれず

③たね

77ページ 練習のワーク

1 (1)①かれている。

②かれている。

③かれている。

(2)①に○

(3)③に○

2 (1)①かれる。

②かれない。

③かれない。

(2)芽

(3)②に○

てびき 1 寒くなると、ヘチマはたねを残して、根、くき、葉のすべてがかれてしまいます。冬の間はたねですごし、春になると、たねから芽を出して成長します。

わかる！理科 ヘチマやツルレイシのように、冬になると根までかれてしまう植物を一年生（いちねんせい）植物といいます。このような植物は、たねで冬をこします。

2 寒くなると、サクラの葉はすべてかれ落ち、木もかれてしまったように見えますが、えだや根などは生きています。えだには芽ができていて、春になると、この芽が成長して花をさかせたり葉をしげらせたりします。

わかる！理科 冬のころのサクラは、葉がすべてかれ落ちていますが、かれてしまったわけではありません。よく見ると、えだには小さな芽をたくさんつけています。この芽には、2種類あり、細長くて小さいものを葉芽（ようが）、丸くて大きいものを花芽（かが）といいます。春になると、1つの花芽から3～5この花がさき、この花がちり始めると葉芽から葉が出始めます。1つの葉芽からは、葉が1まい出てくるのではなく、えだがのびて、そのえだにたくさんの葉をつけます。

78ページ きほんのワーク

1 ①たまご

②さなぎ

③成虫

④よう虫

まとめ ①少なく

②冬をこす

79ページ 練習のワーク

1 (1)㋐ナナホシテントウ

㋑オオカマキリ

㋒カブトムシ

㋓アゲハ

(2)㋐成虫

㋑たまご

㋒よう虫

㋓さなぎ

2 (1)春

(2)秋

(3)②に○

(4)あたたかい。

てびき 1 ナナホシテントウは、㋐のように、成虫のすがたでかれ葉の下などにかくれて冬をこします。オオカマキリの成虫は、たまごをうんだ後に死んでしまい、㋑のように、たまごのすがたで冬をこします。カブトムシは、㋒のように、よう虫のすがたで土の中で冬をこします。アゲハは、㋓のように、さなぎで冬をこし、次の春に成虫になります。

わかる！理科 こん虫は、寒さのきびしい冬を、いろいろなすがたでこします。
成虫で冬をこすものは、アシナガバチ、スズメバチ、キチョウ（チョウ）、ハナアブ、ナミテントウなどです。
たまごで冬をこすものは、トノサマバッタ、オビカレハ（ガ）、ショウリョウバッタ、オオ

カマキリ、エンマコオロギなどです。
よう虫で冬をこすものは、オオムラサキ（チョウ）、セミ、カブトムシなどです。
さなぎで冬をこすものは、イラガ（ガ）、アゲハ、モンシロチョウなどです。

2 ツバメは、春に日本にやってきて、たまごをうみ、子を育てます。そして、すずしくなってくると、あたたかい南の方へ飛んでいき、日本がふたたびあたたかくなるまで、南の国ですごします。春になり、日本があたたかくなってくると、ツバメは日本へやってきます。

🎲 80・81ページ まとめのテスト

1 (1)8℃
(2)20日
(3)エ
(4)①に○

2 (1)イ
(2)読み方…れい下2度（マイナス2度）
　　かき方…－2℃

3 (1)ア
(2)③に○
(3)さなぎ
(4)あまり見せない。
(5)②に○

4 ①○　②○
③×　④×
⑤×　⑥×

てびき **1** (3)エは、サクラのえだに芽ができているようすです。サクラは、春になると芽が成長して、花や葉になります。

💡 **わかる！理科** サクラと同じように、イチョウやアジサイ、ウメなども、秋になると葉が落ちますが、かれてしまうわけではありません。これらは、えだに芽をつけ、春になると、ふたたび成長を始めます。

2 (1)アは28℃、イは－2℃、ウは14℃、エは18℃をしめしています。冬は気温が1年の中でいちばん低くなるので、イが冬の気温をしめしていると考えられます。
(2)0℃よりも低い温度を読みとるときは、温

度計の0から下に向かって数えます。イは0から2目もり下なので、れい下2度（マイナス2度）と読み、「－2℃」とかきます。

3 アゲハは、イのように、さなぎで冬をこします。ウは落ち葉の下でじっとしているナナホシテントウの成虫です。寒くなると、こん虫のすがたがほとんど見られなくなります。

💡 **わかる！理科** カマキリは、あわのようなものの中に、たくさんのたまごをうみます。このあわのようなものを卵のうといい、中のたまごを冬の寒さやたまごを食べようとする動物から守っています。

4 ③は春のようす、④は夏のようす、⑤は春のようす、⑥は夏のようすです。

💡 **わかる！理科** カエルは、気温が低くなると活動できなくなります。このため、温度があまり下がらない土の中などにもぐってじっとしています。これを冬みんといいます。アメリカザリガニも同じように、土の中にもぐって冬みんします。また、ヘビ、トカゲ、カメなども冬みんします。

11 水のすがたと温度

82ページ きほんのワーク

❶ (1)①「変わっていない」に⬭
(2)②湯気
(3)③100
④ふっとう

まとめ ①100℃
②ふっとう
③上がらない

83ページ 練習のワーク

❶ (1)ふっとう石
(2)㋒
(3)100℃
(4)湯気
(5)へっている。
(6)㋗

てびき ❶ (1)ふっとう石を入れておくと、水が急にふっとうして熱い湯がふき出すのをふせぐことができます。

(2)(3)水を熱すると、水の温度が上がります。初めは小さなあわがぼう温度計についたり、ビーカーの底にできたりします。温度が上がっていき、100℃近くになると、さかんにあわが出るようになります。これをふっとうといいます。

(4)水を熱すると、白いけむりのように見える湯気が出てきます。身近なものだと、熱いお茶やおふろの湯の表面などで見られます。

(5)実験前にビーカーの中にあった水は、ふっとうしてあなから空気中へと出ていくため、実験後のビーカーの中の水の量は実験前よりもへっています。

(6)水がふっとうしている間は水の温度は変わりません。したがって、水の温度の変わり方を表したグラフは、100℃近くで水平になります。

84ページ きほんのワーク

❶ (1)①水てき(水)
②じょう発
(2)③「小さい水のつぶ」に⬭
④「水じょう気」に⬭

❷ (1)①見えない
②見える
(2)③水じょう気
④水じょう気

まとめ ①じょう発
②水じょう気
③湯気

85ページ 練習のワーク

❶ (1)水
(2)ふえる。
(3)①気
②水じょう気
③冷やされ
(4)へっている。

❷ (1)[あ]
(2)①と④に○

てびき ❶ あわの正体は液体の水が熱せられて気体にすがたを変えた水じょう気です。熱せられた水じょう気は曲がるストローを通って、ポリエチレンのふくろの中へ動きます。ビーカーから出て温度が低くなった水じょう気はふたたび液体の水にもどり、ふくろの中にたまります。熱している間、ビーカーの中の液体の水は、気体のあわ(水じょう気)へと変わって空気中に出ていくので、ビーカーの中の水の量はへり、ふくろの中にたまる水の量はふえていきます。

❷ (1)(2)水がじょう発して目に見えないすがたになったものが水じょう気(図の[あ])です。また湯気は目に見える水の小さいつぶです。(図の[い])

86ページ きほんのワーク

❶ (1)①[い]
②[え]
(2)③0℃
④0℃
(3)⑤大きく
(4)⑥冷やす
⑦冷やす
⑧あたためる
⑨あたためる
(5)⑩固体
⑪液体

⑫気体

まとめ ①大きく
②気体
③固体

87ページ 練習のワーク

[1] (1)イ
(2)イ
(3)イ
(4)ⓤ

[2] ①体積
②大きく

てびき [1] (1)〜(3)水と食塩をまぜた物を氷にまぜると、ビーカーの中の温度を0℃よりも低くすることができます。水は、0℃でこおり始め、すべてこおるまで0℃のままです。すべてこおった後も冷やし続けると、温度が下がっていきます。

(4)水が氷になると、体積が大きくなります。

[2] 水は、こおると体積が約1.1倍に大きくなります。ジュースをこおらせると、ジュースにふくまれている水の体積が大きくなり、ペットボトルが内側からおされてこわれてしまうことがあります。ジュースにかぎらず、お茶も水をふくんでいるので、こおらせると体積が大きくなります。

88・89ページ まとめのテスト

[1] (1)0℃
(2)6分
(3)③に○
(4)㋐ア
㋑イ
(5)固体
(6)[あ]
(7)大きくなる。
(8)下がる。

[2] (1)熱い湯がふき出してしまうのをふせぐため。
(2)㋓
(3)ふっとう
(4)100℃
(5)ウ
(6)へる。

[3] (1)㋐、㋒、㋓
(2)㋑、㋔
(3)水てき(水)
(4)③に○

丸つけのポイント

[2] (1)「急にふっとうするのをふせぐため。」のように、湯がふき出してしまうことをふせぐためであることがかけていれば正かいです。

てびき [1] (1)(2)水は0℃でこおり始めます。折れ線グラフが0℃になっているのは、開始から4分後なので、水がこおり始めたのは開始から4分後だと考えられます。水がすべてこおった時間は開始から10分後なので、水がこおり始めてからすべて氷になるまでにかかった時間は、10−4=6〔分〕だとわかります。

(3)水がこおり始めてからすべて氷になるまでは、冷やし続けても温度は変わりません。

(4)㋐では、まだこおり始めていないので、すべて水のじょうたいです。㋑では、こおり始めていますが、すべてこおっているのではなく水と氷がまざったじょうたいです。4分後から10分後までは、この水と氷のじょうたいです。10分後から先も冷やし続けると、氷だけのじょうたいが続きます。

わかる!理科 氷を入れただけでは、試験管の中の水をこおらせることはできません。しかし、氷に食塩と水をまぜた物をかけると温度がとても低くなるため、水をこおらせることができます。

(5)〜(7)液体の水は、冷やされると固体の氷にすがたを変えます。このとき、固体の氷の体積は液体の水よりも大きくなります。

(8)水がこおり始めてからすべて氷になるまでは、冷やし続けても温度は変わりませんが、すべて氷になった後も、さらに冷やすと温度は0℃よりも下がります。

[2] (1)水が急にふっとうして、ふきこぼれるときけんなので、それをふせぐために、ふっとう石を入れます。

(2)〜(4)水を熱し続けたとき、水がふっとうし始める(中からさかんにあわが出始める)のは、

水の温度が100℃近くになったときです。

(5)水がふっとうしている間(液体の水が気体の水じょう気へとすがたを変えている間)、水の温度は上がりません。

(6)熱せられた液体の水は、ふっとうして気体の水じょう気となって空気中へ出ていくため、ビーカーの中の水の量はへっていきます。

3 (1)(2)㋐と㋒と㋓は気体の水じょう気、㋑と㋔は液体の水です。

(3)㋑は水じょう気が冷やされて、小さな水のつぶになった湯気です。したがって、スプーンには水てきがつきます。

わかる! 理科 水を熱したとき、初めに出てくる小さなあわは水にとけていた空気です。その後に出てくる大きなあわは、水じょう気です。湯気は、水じょう気が冷やされたもので、液体です。気体ではないので、注意(ちゅうい)しましょう。

12 生き物の1年をふり返って

90ページ きほんのワーク

1 ①春 ②秋
③冬 ④夏
⑤夏 ⑥冬
⑦春 ⑧秋
⑨秋 ⑩春
⑪夏 ⑫冬

まとめ ①さかん
②冬をこし

91ページ 練習のワーク

1 (1)ウ
(2)①たまご
②よう虫
③成虫
④さなぎ
(3)ア
(4)①たまご
②おたまじゃくし
③陸
④にぶく
⑤土の中

てびき **1** 1年間観察してきた生き物のようすを、整理しましょう。1年間の植物のようすは、どうでしたか。気温が高くなると、くきがのびたり、葉がしげったりとさかんに成長します。気温が低くなってくると成長がにぶくなって、それぞれ冬をこすためのすがたになります。1年間の動物のようすはどうでしたか。あたたかくなると、活動がさかんになり、見られる数もふえました。すずしくなると活動がにぶくなり、見られる数もへってきます。そして、それぞれのすがたで冬をこし、あたたかくなるのを待っています。

わかる! 理科 アゲハの成虫は2週間ほどしか生きられません。しかしアゲハの成虫は春から秋にかけて見られます。これは、アゲハが年に数回成虫になるためです。春にうまれたアゲハは夏ごろに成虫になり、たまごをうみます。このときのアゲハを夏型といいます。秋にうまれたアゲハは、さなぎのすがたで冬をこし、春に成虫になります。このときのアゲハを春型といいます。夏型、春型はほかのチョウでも見られ、夏型と春型で成虫の大きさやはねのもようがちがっているものもあります。

92・93ページ まとめのテスト

1 (1)㋑10月
㋒1月
㋓3月
㋔7月
(2)㋔
(3)①×
②○
③×

2 (1)㋐
(2)芽
(3)(芽が)ふくらんでいる。

3 (1)夏…㋐
冬…㋑、㋒、㋖
(2)ツバメ
(3)よう虫
(4)夏

（5）鳥の種類…ちがう。

　　こん虫のすがた…ちがう。

4 (1)②、③に〇（どちらも選べて正かい）

（2）エ→ア→イ→ウ

てびき **1** (1)1年間の気温は、夏がいちばん高く、冬がいちばん低くなります。したがって、気温がいちばん高いオは7月、気温がいちばん低いウは1月だと考えられます。残りのイとエは、イはだんだん気温が下がっているので秋のころで10月、エはだんだん上がっているので3月だと考えられます。

（2）気温が高いと、動物がさかんに活動し、植物がよく成長するようになります。したがって、ア〜オのうちいちばん気温が高いオだと考えられます。

（3）1年間続けて観察するときには、同じ植物や動物を観察します。観察は、同じ場所で同じ時こくに行います。天気や気温も記録しておきましょう。

2 サクラは冬になるとすっかり葉を落とし、えだだけが残りますが、えだの先にはあのような芽をつけます。芽はあたたかくなるにつれてだんだんふくらんでいき、あたたかくなると開いて葉や花になります。したがって、芽がふくらんでいるアが3月のサクラのようすだと考えられます。

3 ア、オのツバメは、春に巣をつくり、たまごをうみます。夏にはうまれたひなを育て、秋のころにはあたたかい南の国へわたっていきます。

イ、カのヒキガエルは、春におたまじゃくしがうまれます。夏にはあしがはえて陸に上がって生活し、気温が下がってくる秋のころには活動がにぶくなります。やがて、冬になると、土の中でじっとして冬をこします。

ウ、エのオオカマキリは、春にたまごからよう虫がうまれます。夏にはよう虫が大きく成長して、秋ごろに成虫になり、たまごをうみます。たまごのまま冬をこします。

キのカブトムシは、春の終わりごろによう虫からさなぎになります。夏にさなぎから成虫になってたまごをうみ、秋にたまごからよう虫がうまれます。よう虫のまま土の中で冬をこします。

このように、生き物は、寒い冬をこすいろいろなくふうをして、また春をむかえていきます。

4 サクラは、春に花がさき、その後、葉が出始めます。夏に緑色の葉がたくさん出て、秋には葉の色が変わりかれ落ちます。冬には、芽のついたえだが残ります。観察するときは、木の全体のようすにも注意し、同じえだのようすを記録しましょう。

プラスワーク

94〜96ページ **プラスワーク**

1 温度計が日光であたたまらないようにするため。

2

時こく	気温	時こく	気温
午前9時	17℃	午後1時	24℃
午前10時	18℃	午後2時	24℃
午前11時	20℃	午後3時	23℃
正午	22℃		

3

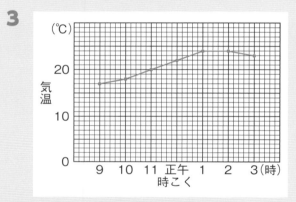

4

南の空

西の空

5 部屋の空気中にあった水じょう気で、まどガラスにふれて冷やされて、水にもどったため。

26

6 ふたの体積が大きくなり、ふたがゆるくなってあけることができた。

7

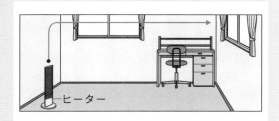

ヒーター

8 秋にできたホウセンカのたねが土の中にあったから。

てびき **1** 日光には、物をあたためるはたらきがあります。気温をはかるとき、温度計に日光が当たると、温度計があたたまってしまい、正しい気温がはかれなくなります。

2 温度計の目もりを読むときは、液の先にいちばん近い目もりを、目と温度計が直角になるようにして読みます。

3 折れ線グラフは次の手順でかきます。
①横じくには時こく、たてじくには気温の目もりをとる。このとき、目もりは同じ間かくでつけるようにする。
②それぞれの時こくの気温を、グラフ上に・で表す。
③・と・を順に直線で結ぶ。このとき、・と・のかたむきが急なほど、気温の変化が大きいことを表します。

4 空はつながっているので、東の空の位置の変化をもとに、空全体の星の位置の変化がつながるように考えると、次の図のようになります。

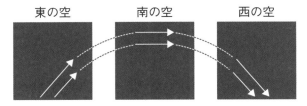

東の空　　　南の空　　　西の空

5 空気中には、水じょう気がふくまれています。空気中の水じょう気は、冷やされると水にもどります。

6 金ぞくも、空気や水と同じように、あたためると体積が大きくなります。高い温度の湯にふたをつけると、金ぞくでできたふたの体積が大きくなってゆるみ、あけやすくなります。

7 空気は、あたたまると上に動きます。このため、ヒーターをつけると、部屋の上の方はすぐにあたたかくなりますが、部屋の下の方はなかなかあたたまりません。部屋の空気をせん風機などでまぜるようにすると、部屋全体がはやくあたたまります。

8 ホウセンカは秋になると実をつけ、じゅくすとはじけて、まわりにたねを飛ばします。地面に落ちたたねは、春になると芽を出し、成長していきます。

実力判定テスト 夏休みのテスト①

1 次の図のうち、春の生き物のようすには○、そうでないものには×をつけましょう。

1つ6〔24点〕

①（ ○ ）

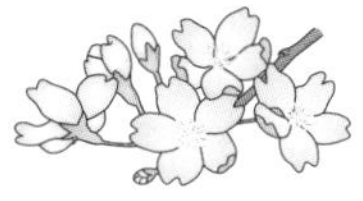

サクラ

②（ × ）

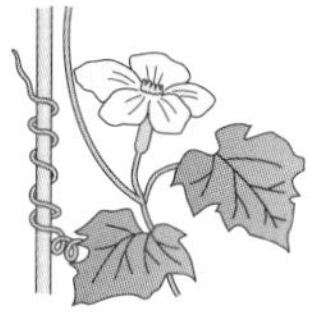

ヘチマ

③（ ○ ）

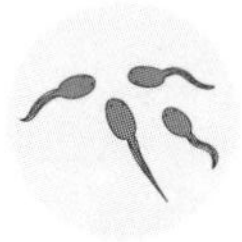

ヒキガエル

④（ ○ ）

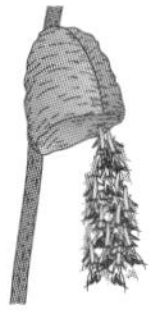

オオカマキリ

2 人のうでのつくりと動くしくみについて、あとの問いに答えましょう。

1つ6〔24点〕

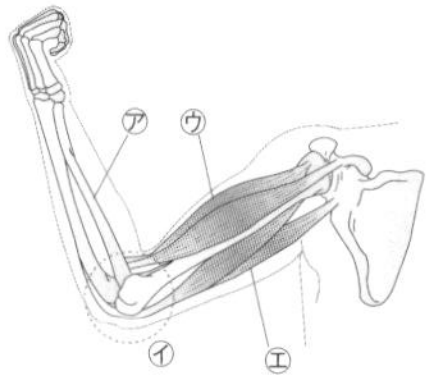

㋐
㋒
㋑
㋓

(1) ㋐はいつもかたい部分、㋑は曲がる部分を表しています。それぞれ何といいますか。

㋐（ ほね ）
㋑（ 関節 ）

(2) うでを曲げたときにちぢむきん肉は、㋒、㋓のどちらですか。（ ㋒ ）

(3) うでをのばしたときにちぢむきん肉は、㋒、㋓のどちらですか。（ ㋓ ）

3 晴れの日とくもりの日の1日の気温の変わり方を調べました。あとの問いに答えましょう。

1つ8〔24点〕

㋐

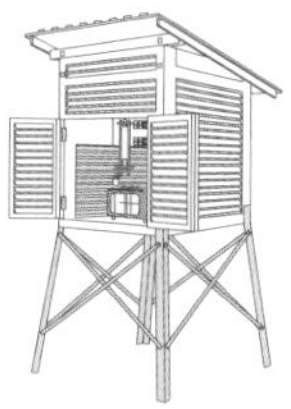

㋑

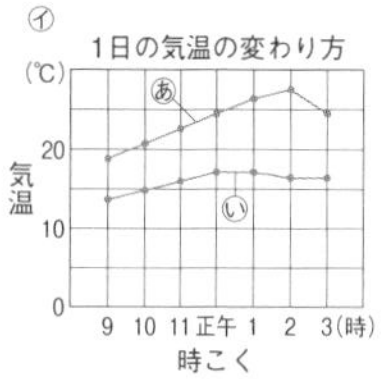

1日の気温の変わり方
(℃)
気温
20
10
0
あ
い
9 10 11 正午 1 2 3(時)
時こく

(1) 気温をはかるじょうけんを考えてつくられた㋐を、何といいますか。（ 百葉箱 ）

(2) ㋑について、晴れの日の気温の変わり方を表しているグラフは、あ、いのどちらですか。（ あ ）

(3) (2)のように選んだのはなぜですか。

（1日の気温の変わり方が大きいから。）

4 次の図のように、かん電池をモーターにつないで、モーターの回る速さと向きについて調べました。あとの問いに答えましょう。

1つ7〔28点〕

㋐

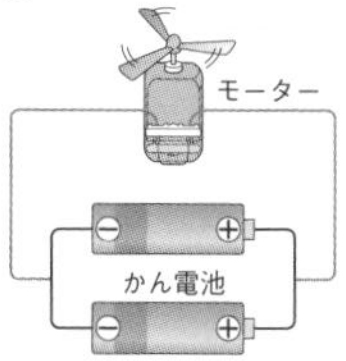

モーター
かん電池

㋑

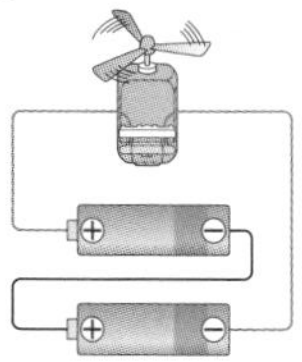

(1) ㋐、㋑のかん電池のつなぎ方を、それぞれ何といいますか。

㋐（へい列つなぎ）
㋑（ 直列つなぎ ）

(2) かん電池1このときよりもモーターが速く回るのは、㋐、㋑のどちらですか。（ ㋑ ）

(3) ㋐と㋑のモーターの回る向きは、同じですか、ちがいますか。（ ちがう。 ）

実力判定テスト 夏休みのテスト②

1 次の図のように、紙のつつを切った物の上にビー玉をのせると、ビー玉が➡の向きに転がりました。雨水は、㋐、㋑のどちらに向かって流れていたと考えられますか。図の（ ）に○をつけましょう。

〔9点〕

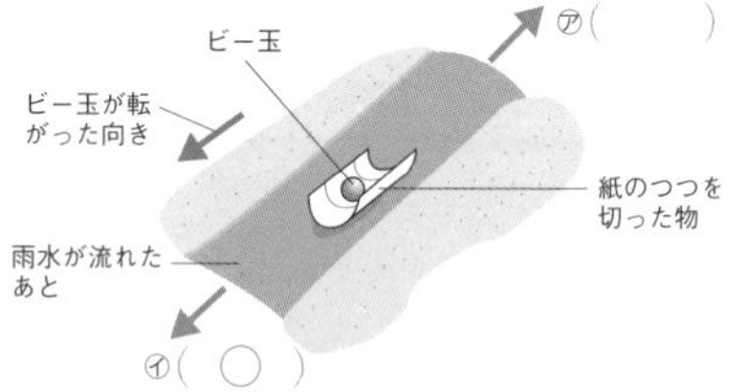

ビー玉
ビー玉が転がった向き
紙のつつを切った物
雨水が流れたあと
㋐（ ）
㋑（ ○ ）

2 同じ体積の校庭の土とすな場のすなを、次の図のようなそう置に入れて、水のしみこみ方をくらべました。図は、同じ量の水を同時に入れたときの水のしみこむようすです。あとの問いに答えましょう。

1つ7〔21点〕

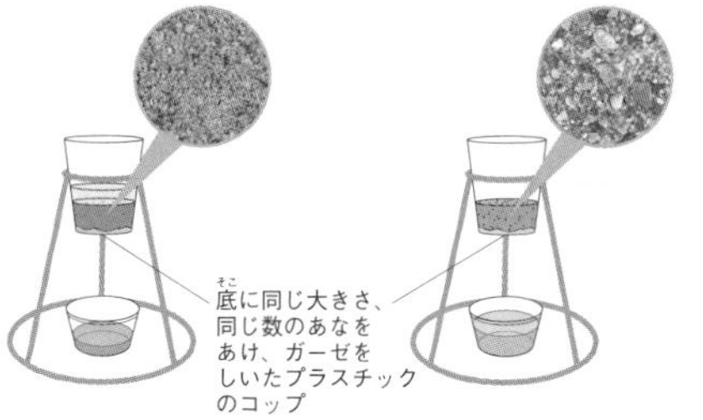

校庭の土
すな場のすな
底に同じ大きさ、同じ数のあなをあけ、ガーゼをしいたプラスチックのコップ

(1) つぶが大きいのは、校庭の土とすな場のすなのどちらですか。（すな場のすな）

(2) 水がすべてしみこむまでの時間が短いのは、校庭の土とすな場のすなのどちらですか。

（すな場のすな）

(3) 水のしみこみ方は、土やすなのつぶの大きさによってちがいますか、同じですか。

（ ちがう。 ）

3 夏のころの生き物のようすについて、次の文の（ ）に当てはまる言葉を、下の〔 〕から選んでかきましょう。

1つ7〔28点〕

夏になると、春のころとくらべて気温が①（ 高く ）なっていて、いろいろな動物が②（さかんに活動するようになる）。また、植物は、春のころよりもえだやくきが③（ のびたり ）、葉が④（ ふえたり ）して、よく成長するようになる。

〔 高く　低く　ふえたり　かれたり　のびたり　ちぢんだり　さかんに活動するようになる　すがたを見せなくなる 〕

4 夏の空に見られる星について、あとの問いに答えましょう。

1つ7〔42点〕

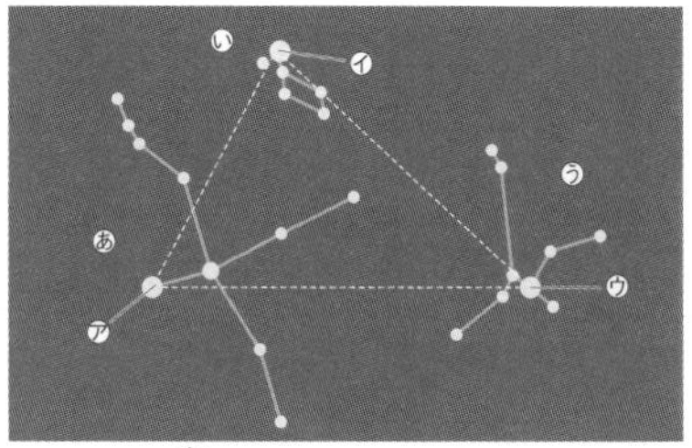

あ
い
う
㋐
㋑
㋒

(1) あ～うの星ざをそれぞれ何といいますか。

あ（はくちょうざ）
い（ ことざ ）
う（ わしざ ）

(2) ㋐～㋒の星を結んでできる三角形を何といいますか。（ 夏の大三角 ）

(3) 星の明るさや色は、すべて同じですか、ちがいがありますか。

明るさ（ ちがいがある。 ）
色（ ちがいがある。 ）

もんだいのてびきは32ページ

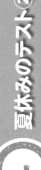

実力判定テスト　冬休みのテスト①

1 次の図は、午後4時ごろに月を観察したものです。あとの問いに答えましょう。 1つ6〔30点〕

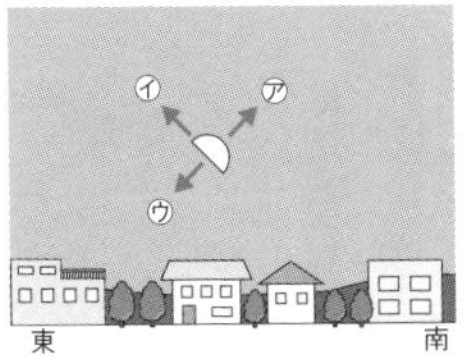

(1) 図の形に見える月を何といいますか。
（　半月　）

(2) 午後5時には、月は㋐～㋒のどの位置に見えますか。（　㋐　）

(3) 月の形と見える位置について、次の文の（　）に当てはまる方位をかきましょう。

月は、見える形がちがっても、見える位置は太陽と同じように、①（　東　）の空からのぼり、②（　南　）の空を通って、③（　西　）へと変わる。

2 次の㋐、㋑のようにしたビーカーを日当たりのよい場所に置き、中の水がどうなるか調べました。あとの問いに答えましょう。 1つ6〔24点〕

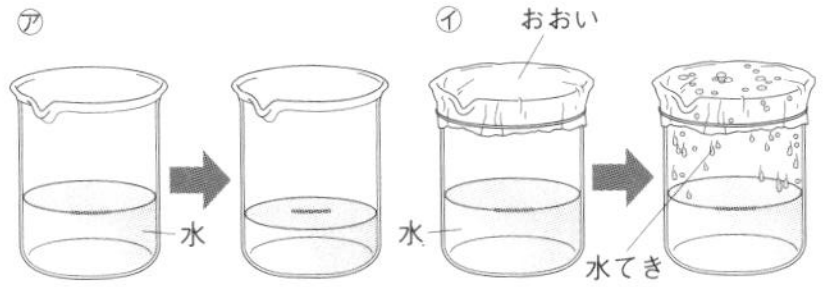

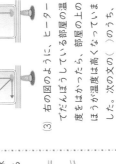

(1) ㋐の水のようすについて、次の文の（　）に当てはまる言葉をかきましょう。

水は、①（水じょう気）となって②（　空気　）中へ出ていった。これを③（　じょう発　）という。

(2) ㋑のビーカーの内側に水てきがついたのは、なぜですか。
（じょう発した水じょう気が水にもどったから。）

3 すずしくなるころの生き物のようすについて、次の問いに答えましょう。 1つ5〔25点〕

(1) 次の①～④のうち、秋の生き物のようすには〇、そうでないものには×をつけましょう。

①（　〇　）　②（　×　）　③（　×　）　④（　〇　）

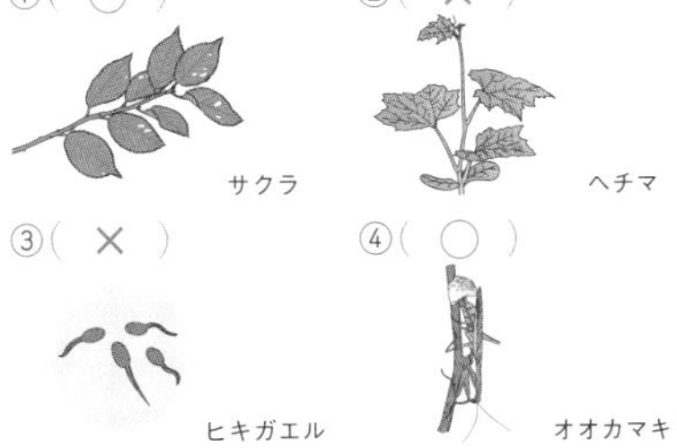

(2) すずしくなると、こん虫などの動物のすがたや活動のようすはどうなりますか。
（　あまり見られなくなる。　）

4 次の図のように、注しゃ器を2本用意して、㋐には空気、㋑には水を入れて、ピストンをおしました。あとの問いに答えましょう。 1つ7〔21点〕

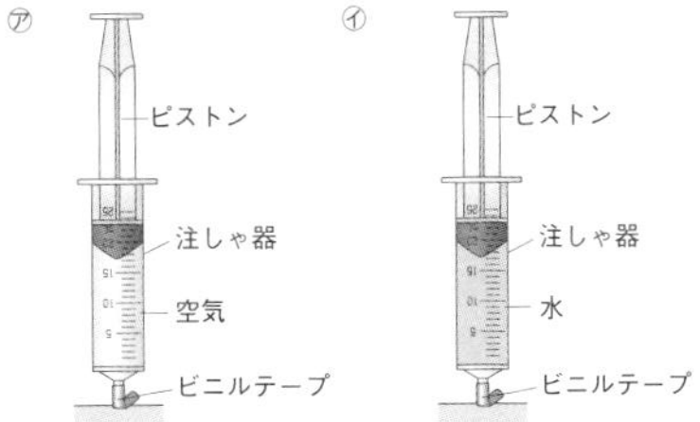

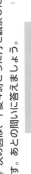

(1) ㋐のピストンをおすと、空気の体積はどうなりますか。（　小さくなる。　）

(2) ㋐のピストンをおしていくと、空気のおし返す力はどうなりますか。
（　大きくなる。　）

(3) ㋑のピストンをおすと、水の体積はどうなりますか。（　変わらない。　）

実力判定テスト　冬休みのテスト②

1 物の体積と温度について、次の問いに答えましょう。 1つ8〔56点〕

(1) 図1はガラス管の中の水が、図2は水を満たしたガラス管の水面がそれぞれ印の位置にくるように、ガラス管を試験管にさしこんだものです。

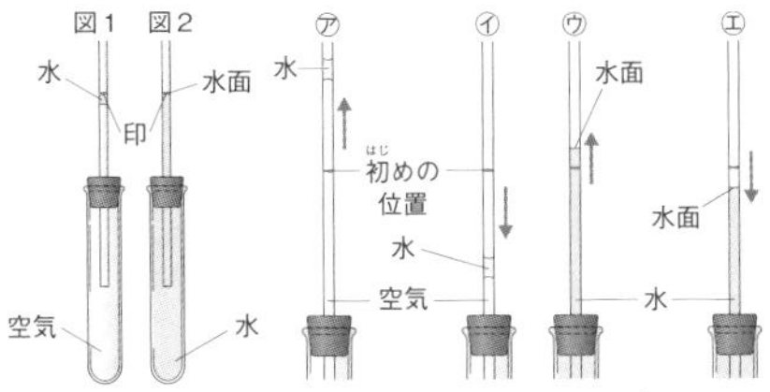

① 図1の試験管をあたためたときと冷やしたときの水のようすを、それぞれ㋐、㋑から選びましょう。
あたためたとき（　㋐　）
冷やしたとき（　㋑　）

② 図2の試験管をあたためたときと冷やしたときの水面のようすを、それぞれ㋒、㋓から選びましょう。
あたためたとき（　㋒　）
冷やしたとき（　㋓　）

(2) 次の図のように、輪を通りぬける金ぞくの球を熱したり、冷やしたりして、輪を通りぬけるか調べました。

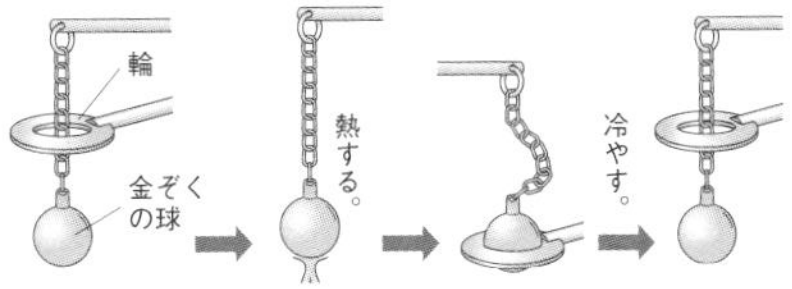

① 金ぞくを熱したり冷やしたりすると、体積はそれぞれどうなりますか。
熱したとき（　大きくなる。　）
冷やしたとき（　小さくなる。　）

② 空気、水、金ぞくを、温度による体積の変わり方が大きい順にならべましょう。
（　空気　→　水　→　金ぞく　）

2 物のあたたまり方について、次の問いに答えましょう。 1つ11〔44点〕

(1) 次の図のように、し温インクをぬった金ぞくのぼうのはしを熱しました。㋐～㋒は、どのような順にあたたまりますか。
（　㋒　→　㋑　→　㋐　）

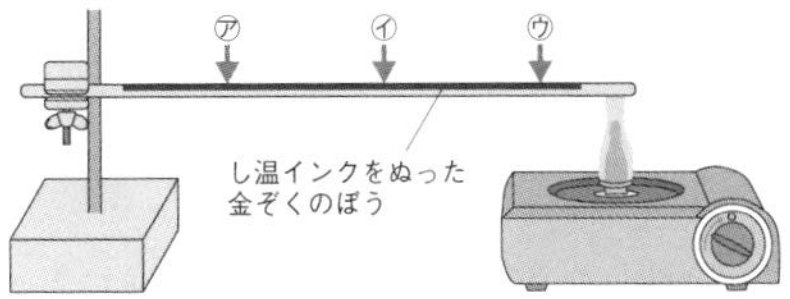

(2) 右の図のように、水を入れたビーカーの底に絵の具を入れ、水を熱しました。絵の具はどのように動きますか。次の図の㋐～㋒から選びましょう。
（　㋑　）

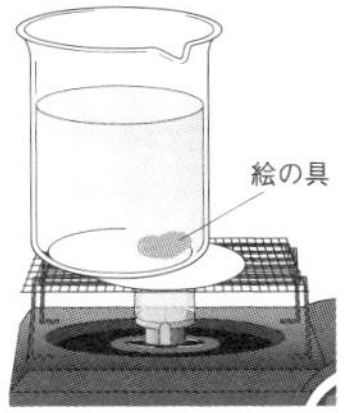

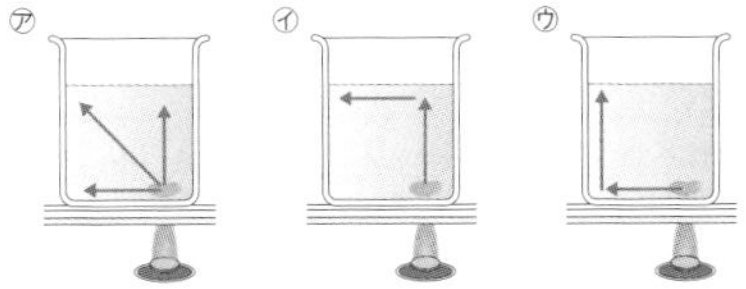

(3) 右の図のように、ヒーターでだんぼうしている部屋の温度をはかったら、部屋の上のほうが温度は高くなっていました。次の文の（　）のうち、正しいほうを〇でかこみましょう。

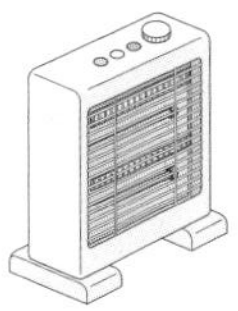

空気は、①（　金ぞく　[水]　）と同じように、あたためられると②（　[上]　下　）のほうへ動く。そして動きながら全体があたたまっていく。

もんだいのてびきは32ページ

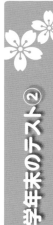

実力判定テスト　学年末のテスト①

1 冬の空の星ざについて、あとの問いに答えましょう。　1つ7〔35点〕

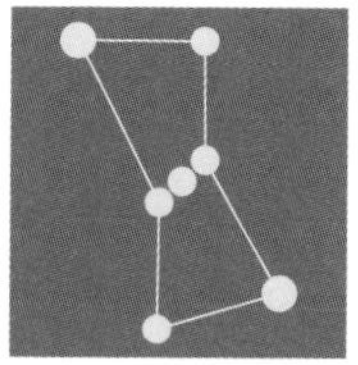

(1) 図の星ざを何といいますか。
（ オリオンざ ）

(2) 冬に見られる星の明るさや色は、それぞれちがいますか、同じですか。
明るさ（ ちがう。 ）
色（ ちがう。 ）

(3) 星ざの位置や星のならび方は、時間がたつと変わりますか、変わりませんか。
位置（ 変わる。 ）
ならび方（ 変わらない。 ）

2 次の図は、冬に観察したサクラとヘチマのようすを表しています。あとの問いに答えましょう。　1つ5〔15点〕

サクラ

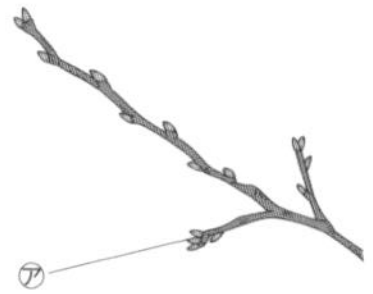

ヘチマ

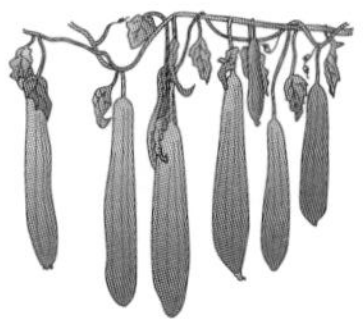

(1) 図のサクラの木は、かれていますか、かれていませんか。（ かれていない。 ）

(2) サクラは、えだに㋐をつけて冬をこします。㋐を何といいますか。（ 芽 ）

(3) ヘチマは、どのようなすがたで冬をこしますか。（ たね ）

3 水を熱したり、冷やしたりしたときの水のすがたの変化について、あとの問いに答えましょう。　1つ5〔50点〕

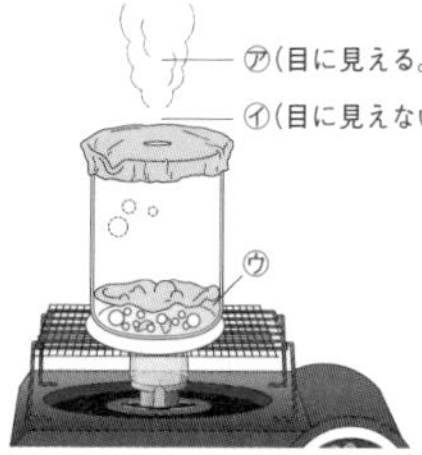

(1) 図のように、水が熱せられて100℃近くになると、中からさかんにあわが出てきました。このことを何といいますか。（ ふっとう ）

(2) 図の㋐、㋑は何ですか。下の〔 〕からそれぞれ選びましょう。
㋐（ 湯気 ）　㋑（ 水じょう気 ）
〔 空気　湯気　水じょう気 〕

(3) 図の㋐～㋒はそれぞれ固体、液体、気体のどれですか。
㋐（ 液体 ）
㋑（ 気体 ）
㋒（ 液体 ）

(4) 水を冷やすと、水の温度はどうなりますか。
（ 下がる。 ）

(5) 水がこおり始める温度は何℃ですか。
（ 0℃ ）

(6) 水がこおり始めてから、すべて氷になるまでの間、温度はどうなりますか。
（ 変わらない。 ）

(7) 水が氷になると、体積はどうなりますか。次のア～ウから選びましょう。
（ ア ）
ア　大きくなる。
イ　小さくなる。
ウ　変わらない。

実力判定テスト　学年末のテスト②

1 サクラとオオカマキリの1年間のようすをまとめました。それぞれどの季節のようすかを、春、夏、秋、冬でかきましょう。　1つ5〔40点〕

(1) サクラ

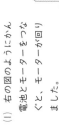

①（ 春 ）

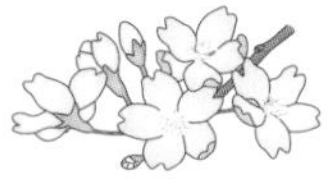

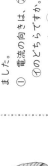

②（ 秋 ）

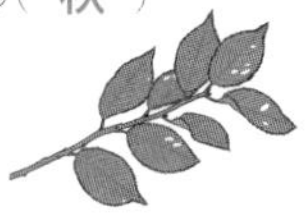

③（ 夏 ）

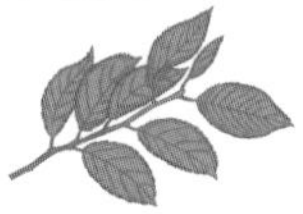

④（ 冬 ）

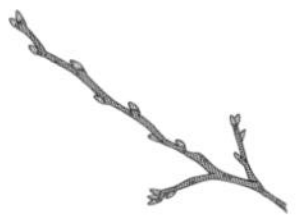

(2) オオカマキリ

①（ 秋 ）

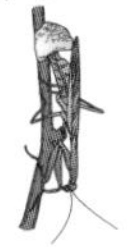

②（ 冬 ）

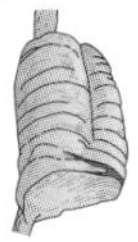

③（ 夏 ）

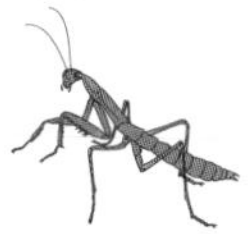

④（ 春 ）

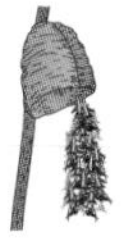

2 ウサギやハトのからだのつくりについて、次の文のうち、正しいものに○、まちがっているものに×をつけましょう。　1つ6〔18点〕

①（ ○ ）人と同じように、ほねやきん肉、関節がある。
②（ × ）人とちがい、きん肉はあるが、ほねはない。
③（ × ）人とちがい、きん肉のはたらきだけでからだを動かしたり、ささえたりしている。

3 晴れの日と雨の日に、1日の気温の変わり方を調べました。次の文のうち、正しいものに○、まちがっているものに×をつけましょう。　1つ6〔18点〕

①（ ○ ）気温は、風通しのよい、直せつ日光が当たらないところではかる。
②（ ○ ）晴れの日よりも雨の日のほうが、1日の気温の変わり方が小さい。
③（ × ）晴れの日の気温は、朝や夕方に高くなる。

4 電流のはたらきについて、次の問いに答えましょう。　1つ6〔24点〕

(1) 右の図のようにかん電池とモーターをつなぐと、モーターが回りました。

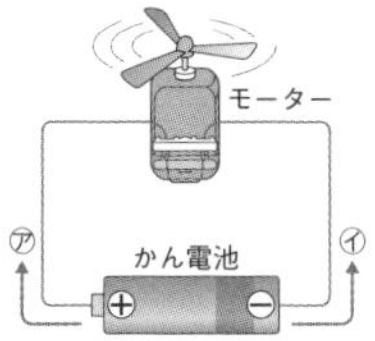

① 電流の向きは、㋐、㋑のどちらですか。
（ ㋐ ）

② モーターにつなぐかん電池の向きを変えると、モーターの回る向きはどうなりますか。
（ 変わる。 ）

(2) 次の図のように、2このかん電池とモーターをつなぎました。

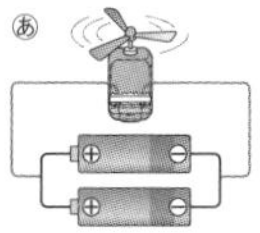

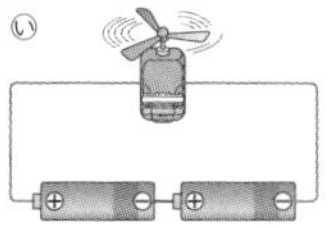

① 回路に流れる電流の大きさはどうなりますか。ア～ウから選びましょう。（ イ ）
ア　あのほうが大きい。
イ　いのほうが大きい。
ウ　あといで同じ。

② モーターが速く回るのは、あ、いのどちらですか。（ い ）

もんだいのてびきは32ページ

実力判定テスト かくにん! 実験器具の使い方

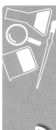

★実験用ガスこんろの使い方

1 ①〜⑤の(　)の中の正しいほうを◯でかこみましょう。

火をつける

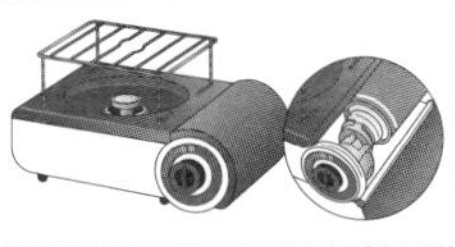

ガスボンベは、切りこみを①((上) 下)にして、音がするまでおしこむ。

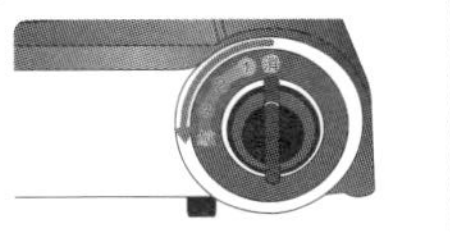

つまみを、カチッと音がするまで回して、火をつける。

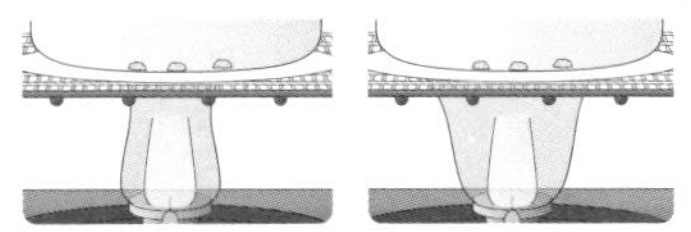

つまみを、ゆっくり回して、ほのおの②((大きさ) 色)を調節(ちょうせつ)する。

火を消す

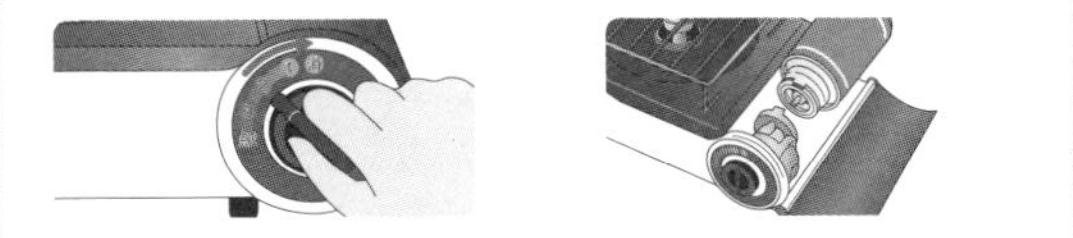

つまみを、③(「点火」 (「消」))まで回して、火を消す。実験用ガスこんろやガスボンベが④((冷えた) あたたまった)ら、ガスボンベをはずす。

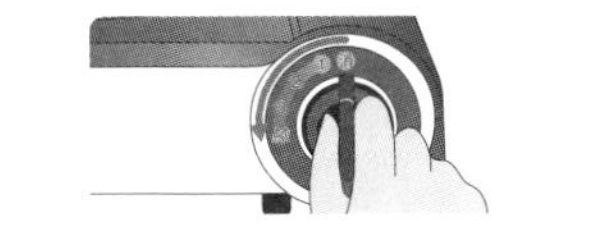

つまみを回して火をつけて、火が⑤(ついた (消えた))ら、つまみを「消」まで回す。

★けん流計の使い方

2 ①、②の□や表の③〜⑤に当てはまる言葉や矢印(やじるし)をかきましょう。

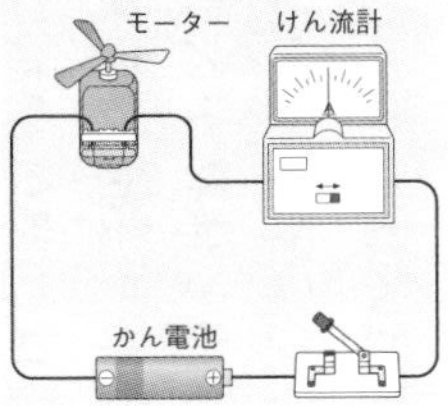

1. けん流計、モーター、かん電池、スイッチを1つの① 輪 のようにつなぐ。
2. 切りかえスイッチを、「電磁石(5A)」側(がわ)に入れる。
3. 電流を流し、はりのふれる向きと、はりのさす目もりを読みとる。
4. はりのふれが0.5より② 小さい ときは、切りかえスイッチを、「モーター まめ電球(0.5A)」側に入れる。このときの電流の大きさは、はりがさす目もりの数字の10分の1になる。

電流の向きと大きさを読みとろう!

		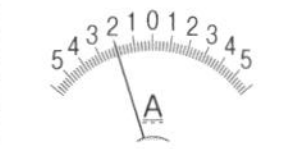	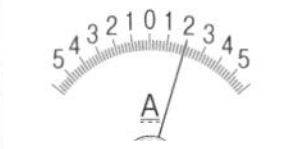
電流の向き		←	③ →
電流の大きさ	「電磁石(5A)」のとき	2A	④ 2 A
	「モーター まめ電球(0.5A)」のとき	0.2A	⑤ 0.2 A

たいせつ
けん流計のはりのふれる向きが「電流の向き」、はりのさす目もりが「電流の大きさ」を表す。

実力判定(はんてい)テスト かくにん! 折れ線グラフ

★折れ線グラフのかき方・読みとり方

観察(かんさつ)や実験(じっけん)の結果(けっか)を折(お)れ線(せん)グラフで表して、変(か)わり方を読みとってみましょう。

[例]

時こく	9時	10時	11時	正午	1時	2時	3時
気温(℃)	20	21	22	22	24	26	25
天気	晴れ	晴れ	晴れ	晴れ	晴れ	晴れ	晴れ

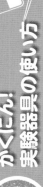

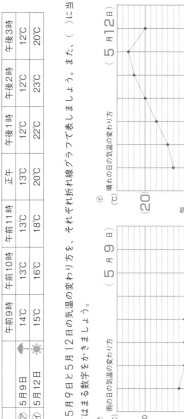

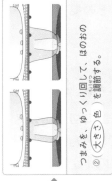

5年生になっても、結果の整理・まとめはとても大切だよ。

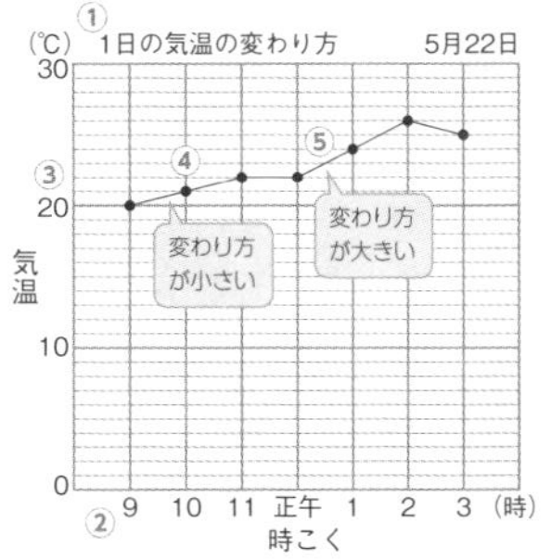

たいせつ
①表題と月日をかく。
②横のじくに「時こく」をとり、単位(たんい)(時)をかく。
③たてのじくに「気温」をとり、単位(℃)をかく。
④それぞれの時こくではかった気温を表すところに点をうつ。
⑤点と点を順(じゅん)に直線で結(むす)ぶ。

1 ある年の5月9日と12日の気温を調べたところ、次の表のようになりました。

			午前9時	午前10時	午前11時	正午	午後1時	午後2時	午後3時
㋐	5月9日	☂	14℃	13℃	13℃	13℃	12℃	12℃	12℃
㋑	5月12日	☀	15℃	16℃	18℃	20℃	22℃	23℃	20℃

(1) 5月9日と5月12日の気温の変わり方を、それぞれ折れ線グラフで表しましょう。また、(　)に当てはまる数字をかきましょう。

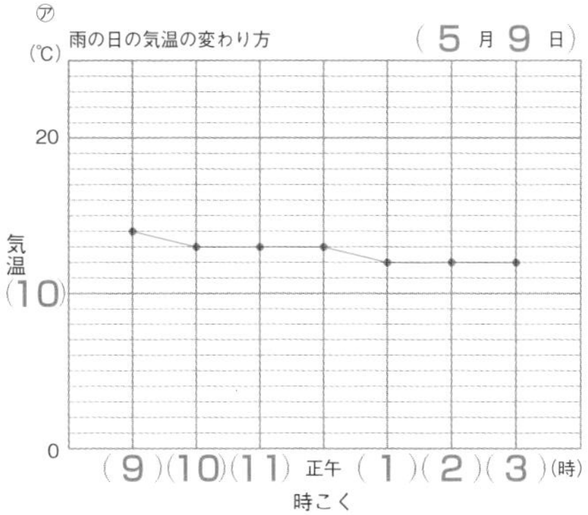

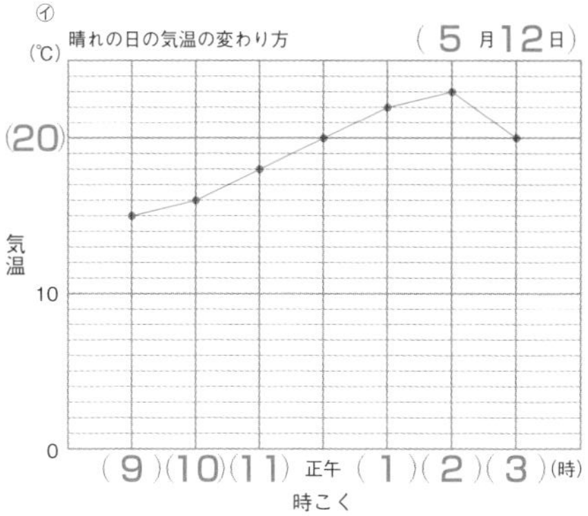

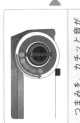

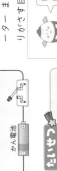

(2) 次の文の(　)に当てはまる言葉をかきましょう。

天気によって、1日の気温の変わり方は①(ちがう)。晴れの日は、気温の変わり方が②(大きく)、雨の日は、気温の変わり方が③(小さい)。

もんだいのてびきは 32 ページ

実力判定テスト もんだいのてびき

夏休みのテスト①

[1] あたたかくなると、花がさいたり芽が出たりする植物が多くなります。ヘチマは春に芽を出し、夏に花をさかせます。

[4] かん電池の＋極と－極がどちらにあるか、よくかくにんしましょう。かん電池をつなぐ向きを変えると、回路に流れる電流の向きが変わるため、モーターの回る向きが変わります。

夏休みのテスト②

[1] ビー玉は地面の低い方へ転がります。雨水も地面の低い方へ流れるので、ビー玉が転がったのと同じ方へ、雨水も流れたと考えられます。

[2] 校庭の土を入れたコップは土の上にまだしみこんでいない水が残っています。同じ量の水を入れているので、同じ時間でしみこんでいない水が残っている校庭の土のほうが、水がしみこみにくいことがわかります。

冬休みのテスト①

[2] おおいをしていないビーカーでは、水が水じょう気となって、空気中へ出ていきます。[イ]のように、おおいをしていると、水はじょう発しますが、おおいの外には出ていくことができません。そのため、水じょう気はふたたび水となって、ビーカーの内側につきます。

冬休みのテスト②

[1] 試験管をあたためたり冷やしたりしたとき、[ア]・[イ]のガラス管の中の水の動きのほうが、[ウ]・[エ]の水面の動きよりも大きくなっています。このことから、空気は水よりも、温度による体積の変わり方が大きいことがわかります。

金ぞくも、熱すると体積が大きくなり、冷やすと体積は小さくなります。金ぞくの温度による体積の変わり方は、空気や水にくらべてとても小さいです。よって、温度による体積の変わり方は、大きい順に、空気→水→金ぞくとなります。

学年末のテスト①

[3] (1)～(3)液体の水は、ふっとうして気体の水じょう気になります。水じょう気は気体なので目には見えません。水じょう気が冷やされてできた湯気は、小さい水のつぶで、液体なので目に見えます。

(5)(6)水は冷やされて0℃になるとこおり始め、すべて氷になるまで0℃のまま変わりません。すべて氷になった後もさらに冷やすと、温度が下がります。

学年末のテスト②

[4] (1)電流は、かん電池の＋極からモーターを通って－極に流れます。そのため、かん電池の向きを変えると、回路に流れる電流の向きも変わります。その結果、モーターの回る向きも変わります。

かくにん! 実験器具の使い方

[2] けん流計の切りかえスイッチを「モーター まめ電球(0.5A)」側にしたとき、はりがさす目もりの数字の10分の1が、電流の大きさとなります。

かくにん! 折れ線グラフ

折れ線グラフは、点と点をつないだ線のかたむきのちがいによって、実験や観察の結果の変わり方がわかります。

線のかたむきが急なときは、変わり方が大きいことをしめしています。線のかたむきがゆるやかなときは、変わり方が小さいことをしめしています。

3 2 1 0 9 8 7 6 5 4
＊ ＊ D C B A